NATUR UND TECHNIK
UNTERRICHTSEINHEITEN

RUDOLF SICHELSCHMIDT

NAHRUNGSMITTELCHEMIE

CORNELSEN-
VELHAGEN & KLASING

NATUR UND TECHNIK
UNTERRICHTSEINHEITEN

Didaktische Beratung:
Prof. Dr. Leonhard Stiegler

Unterrichtseinheit NAHRUNGSMITTELCHEMIE

Verfasser: Rudolf Sichelschmidt
in Zusammenarbeit mit der naturwissenschaftlichen Redaktion des Verlages

Graphik: Günter Meske
Molekülmodelle: Hui-Hsin Schnabel
Umschlaggestaltung: Knut Waisznor

Die Unterrichtseinheit umfaßt außer dem vorliegenden Arbeitsheft für den Schüler ein Lehrerheft, Best.-Nr. 11020

Auf die Unterrichtseinheit abgestimmte Versuchsgeräte können aus dem Programm CVK-Eydam-Chemie der Firma Erich Eydam, 2300 Kiel, Feldstr. 5-7, bzw. über den Lehrmittelhandel bezogen werden.

Bildquellen: Deutsche Bierwerbung e.V., Bad Godesberg: 7.1; W. Girardet, Essen: 31.1; Hoffmann's Stärkefabriken AG, Bad Salzuflen: 24.1-4; Peter Koch, Gadderbaum: 20.1, 32.5; Landesvereinigung der Bayerischen Milchwirtschaft e.V., München: 29.1-3; Lucks + Co., Braunschweig (Miethke-Leesch): 22.1; Margarine-Institut, Hamburg: 15.1-3, 16.1 u. 2; Milchwirtschaftliche Untersuchungsanstalt Nordrhein, Krefeld (K. Koenen): 28.1-3; Neue Westfälische, Bielefeld: 10.2; Phywe AG, Göttingen: 4.2 u. 3, 8.1, 8.4 u. 5; Armin Schnabel, Bielefeld: 6.6, 9.1, 32.3 u. 4, 32.6; UPS Uecker & Co., Hamburg: 21.3.

1. Auflage 1973
Bestellnummer 5917

Gedruckt bei Löwe-Druck, Berlin
ISBN 3-464-00591-7

Vertrieb für das Bundesgebiet und das Ausland:
Verlagsgesellschaft Cornelsen-Velhagen & Klasing, Bielefeld

Vertrieb für Berlin:
Cornelsen-Velhagen & Klasing, Verlag für Lehrmedien, Berlin

Inhalt

Seite

1. Der Kohlenstoff und seine Verbindungen

Der **Kohlenstoff** ist ein sehr wichtiges Element, denn es gibt mehr als eine Million organischer und anorganischer Verbindungen, an denen er entscheidend beteiligt ist.

Bei den organischen Verbindungen bilden die Kohlenstoffatome stets das Gerüst, an das sich andere Atome anlagern können. So entstehen z. B. aus Kohlenstoffatomen und einer bestimmten Anzahl von Sauerstoff- und Wasserstoffatomen die **Alkohole.** Verbinden sich Atome dieser drei Elemente in anderer, jeweils charakteristischer Weise, so bilden sich die **organischen Säuren,** wie Essigsäure, Milchsäure, Weinsäure und viele Fruchtsäuren, oder auch die **Kohlenhydrate** (z. B. Zucker und Stärke) und die **Fette.** Die einfachen und die zusammengesetzten tierischen und pflanzlichen **Eiweißstoffe** bestehen ebenfalls vorwiegend aus diesen wenigen Grundstoffen. Die Produkte von Tieren und Pflanzen, wie Fleisch, Eier, Käse, Wolle, Leder, Horn, Gemüse und Früchte, bestehen aus Eiweißstoffen, enthalten also ebenfalls Kohlenstoff. Auch zahlreiche Gegenstände, die wir täglich gebrauchen, sind aus unterschiedlichen Verbindungen des Kohlenstoffs aufgebaut. Dazu gehören Textilfasern, Farben und Kunststoffartikel, aber auch Medikamente. Darüber hinaus gibt es viele andere Kohlenstoffverbindungen, deren molekularer Aufbau zum Teil außerordentlich kompliziert ist.

Überprüfe, ob einige der oben genannten Stoffe tatsächlich Kohlenstoff enthalten.

Versuch 1: In jeweils einem Reagenzglas erhitzt du kleine Mengen Zucker, Stärke, Wolle und Käse. Zeigt sich ein schwarzer Rückstand, so enthält die Verbindung Kohlenstoff.

2. Alkane (gesättigte Kohlenwasserstoffe)

2.1. Molekülmodelle des Methans

Kohlenstoffatome können sich mit Wasserstoffatomen verbinden. Die einfachste Kohlenwasserstoffverbindung ist das Methan. Das Kohlenstoffatom bindet hier vier Wasserstoffatome. Wie jedes Molekül, so ist auch das Methanmolekül ein räumliches Gebilde. Es hat die Form eines Tetraeders, in dessen Mitte sich das Kohlenstoffatom befindet (Abb. 3.1). An den vier Ecken des Tetraeders sitzen die vier Wasserstoffatome, die mit dem Kohlenstoffatom verbunden sind. Denkt man sich die Mittelpunkte der Wasserstoffatome miteinander verbunden, so entstehen vier gleichseitige Dreiecke, die den Tetraeder begrenzen.

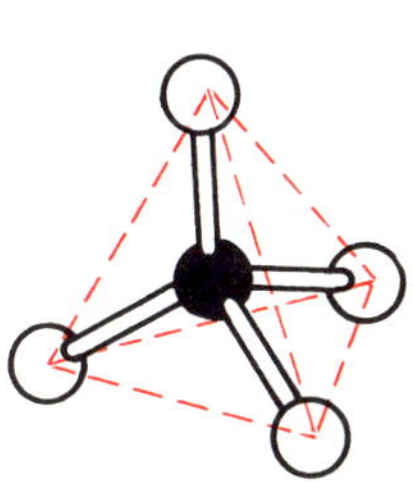

Abb. 3.1

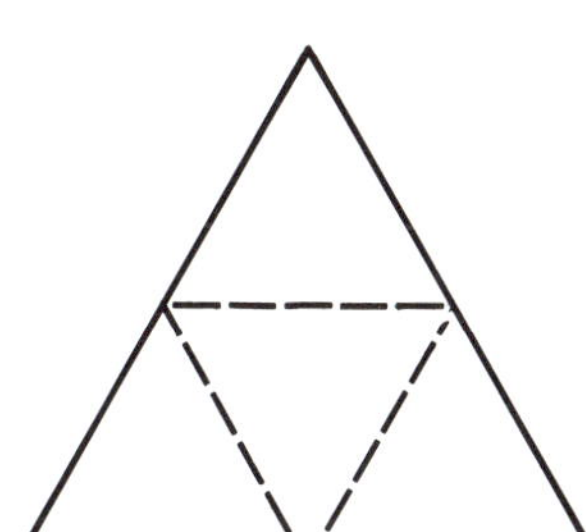

Abb. 3.2

Ein Tetraeder läßt sich aus Papier herstellen, indem man ein gleichseitiges Dreieck entlang den gestrichelten Linien faltet (Abb. 3.2).

Mit einfachen Mitteln kann das Modell des Methanmoleküls gebaut werden.

Aufgabe

Forme aus Plastilin fünf Kugeln mit einem Durchmesser von ca. 1,5 cm und versuche, sie mit Hilfe von vier Streichhölzern zu einem Tetraeder zusammenzusetzen (Abb. 3.1).

Es gibt Molekülbaukästen, die diese Arbeit wesentlich erleichtern. Sie haben den Vorteil, daß die zum Aufbau des Tetraeders erforderlichen Winkel bereits vorgegeben sind. Aus den einzelnen Kugeln werden durch Zusammenstecken Moleküle aufgebaut.

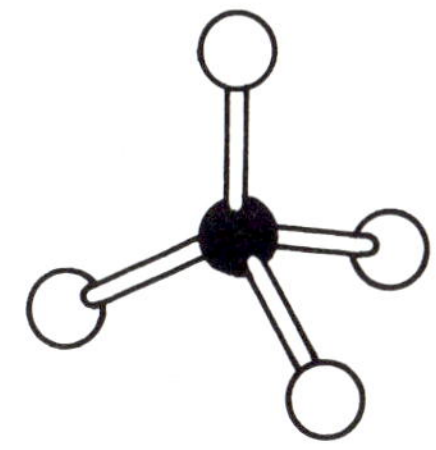

Abb. 3.3

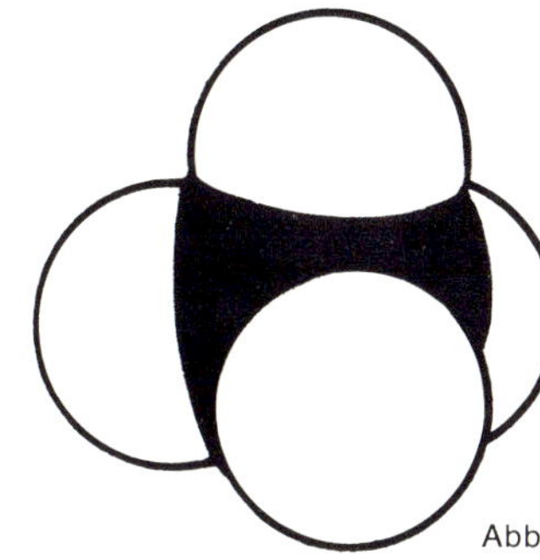

Abb. 3.4

Abb. 3.3 zeigt ein solches **Kugelmodell** des Methans. Bei diesem Modell sind die vier Bindemöglichkeiten des Kohlenstoffatoms deutlich zu erkennen. Das Molekül erscheint dadurch etwas auseinandergezogen. Abb. 3.4 zeigt ein Modell, das der Wirklichkeit näherkommt. Man nennt es **Kalottenmodell,** weil es nicht aus Kugeln sondern aus Kalotten besteht. Die Atome scheinen sich hier zu durchdringen.

Es gibt außer diesen beiden Molekülmodellen noch andere, die kompliziertere Formen haben. Alle diese Modelle wollen eine Vorstellung vom Aufbau des Moleküls vermitteln, aber wahrscheinlich entspricht keines von ihnen genau der Wirklichkeit, denn auch mit den stärksten Mikroskopen gelingt es nicht, einzelne Atome und Moleküle sichtbar zu machen.

In unserem Lehrgang sind die Moleküle mit Hilfe von Kugelmodellen dargestellt, da sie die Anordnung der Atome und die Bindemöglichkeiten besonders deutlich zeigen. Soll das Methanmolekül zeichnerisch dargestellt werden, gibt man es vereinfacht in der **Strukturformel** an (Abb. 3.5).

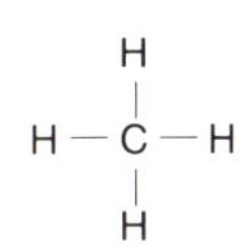

Abb. 3.5

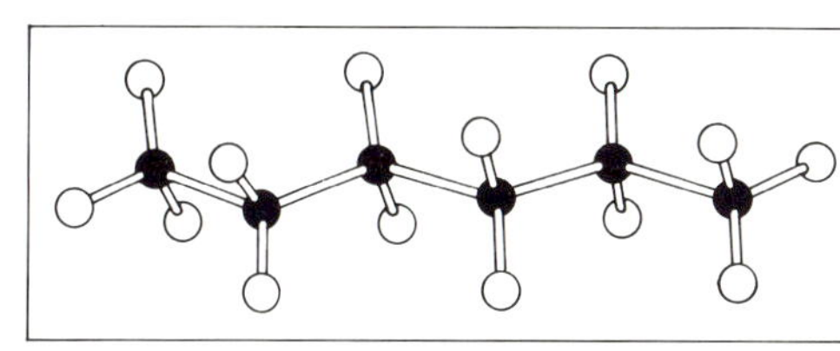

Abb. 3.6

2.2. Die Reihe der Alkane

Wenn sich Kohlenstoffatome zu Ketten aneinanderreihen und an die freien Bindemöglichkeiten Wasserstoffatome angelagert werden, entstehen weitere Kohlenwasserstoffe: Äthan, Propan, Butan, Pentan, Hexan (Abb. 3.6) usw., sie werden als **Alkane** bezeichnet. In Abb. 3.7 sind die Strukturformeln und die Summenformeln der ersten Glieder dieser Reihe angegeben. Die Alkane mit kurzen Kohlenstoffketten (bis 4 C-Atome) sind gasförmig, die folgenden sind Flüssigkeiten, Kohlenwasserstoffe mit langen Ketten bilden feste Stoffe.

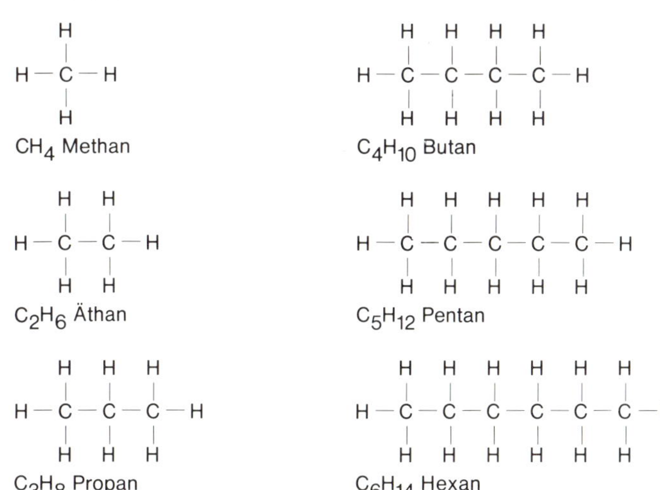

Abb. 3.7

Wenn auch die Kohlenstoffketten bei den Alkanen sehr lang sein können, so sind doch bei ihnen die vier Wertigkeiten der Kohlenstoffatome stets abgesättigt. Diese Kohlenwasserstoffe zeigen deshalb wenig Neigung zur Verbindung mit anderen Stoffen. Man nennt sie deshalb auch **gesättigte Kohlenwasserstoffe;** sie sind durch die Endung „-an" gekennzeichnet.

Die Alkane sind zwar gesättigte Kohlenwasserstoffe, sie lassen sich aber unter bestimmten Voraussetzungen zu gewissen Verbindungen zwingen, indem man ein Wasserstoffatom z. B. durch Chlor ersetzt. So entstehen Verbindungen wie Methylchlorid, Äthylchlorid usw. (Abb. 4.1).

Wird ein Wasserstoffatom durch eine OH-Gruppe ersetzt, entstehen Alkohole (→ S. 5).

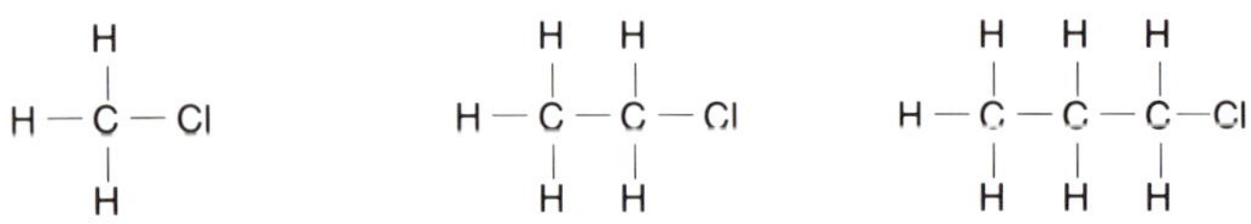

CH_3Cl Methylchlorid C_2H_5Cl Äthylchlorid C_3H_7Cl Propylchlorid

Abb. 4.1

Aufgaben

1. Baue das Methanmolekül auf und ersetze dann ein Wasserstoffatom durch ein Chloratom. Benenne die entstandene Verbindung. — Verfahre ebenso mit dem Äthanmolekül.
2. a) Baue aus sechs Kohlenstoffatomen eine regelmäßige Kette und vergleiche sie mit der Kohlenstoffkette des Hexans (Abb. 3.6).
   b) Besetze alle freien Bindemöglichkeiten der Kohlenstoffatome in der Kette durch je ein Wasserstoffatom und vergleiche nochmals.
3. Vergleiche die Kohlenstoffkette des Hexans im Molekülmodell (Abb. 3.6) und in der Strukturformel (Abb. 3.7).
4. Baue die Modelle für die übrigen Alkane der Abb. 3.7.

Denke nach!

1. Wovon hängt der Aggregatzustand (fest, flüssig, gasförmig) eines Alkans ab?
2. Was versteht man unter der Bezeichnung *Kohlenwasserstoff?*
3. Was entsteht, wenn ein Wasserstoffatom in einem Alkan durch eine OH-Gruppe ersetzt wird?
4. Wodurch unterscheidet sich in der Alkanreihe eine Verbindung von der vorangegangenen bzw. der nachfolgenden?

2.3. Was wir uns merken wollen

1. Beschreibe die Versuche, die zeigen, aus welchen Elementen die Alkane Methan, Propan bzw. Butan zusammengesetzt sind (Abb. 4.2 und 4.3).

....

....

....

....

....

....

....

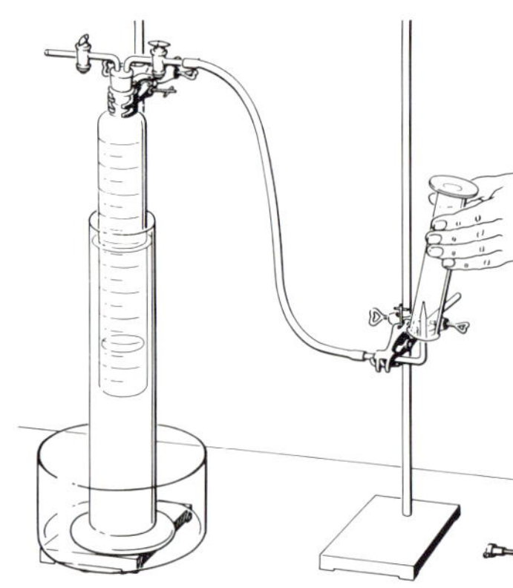

Abb. 4.2

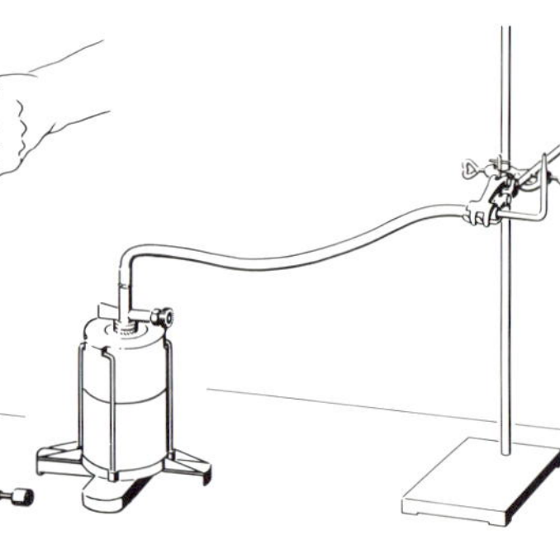

Abb. 4.3

2. Die Abbildungen 4.4 und 4.5 zeigen zwei verschiedene Molekülmodelle des einfachsten Kohlenwasserstoffs. Wie werden sie benannt?

Abb. 4.4: ....

Abb. 4.5: ....

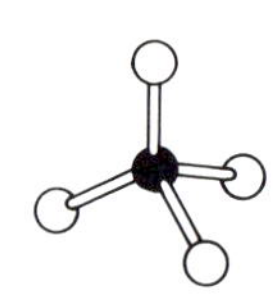

Abb. 4.4

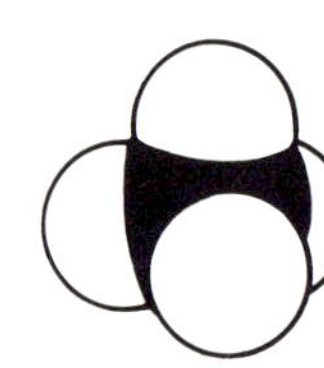

Abb. 4.5

3. Welche Alkane sind durch die Molekülmodelle (Abb. 4.6 und 4.7) dargestellt? Schreibe ihre Namen auf und dazu die entsprechenden Struktur- und Summenformeln.

Abb. 4.6: ....

Strukturformel:

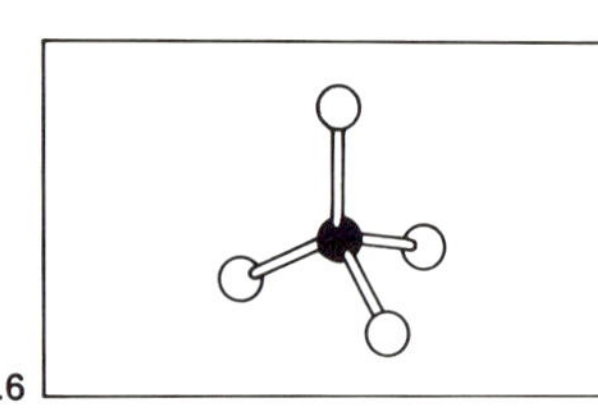

Abb. 4.6

Abb. 4.7: ....

Strukturformel:

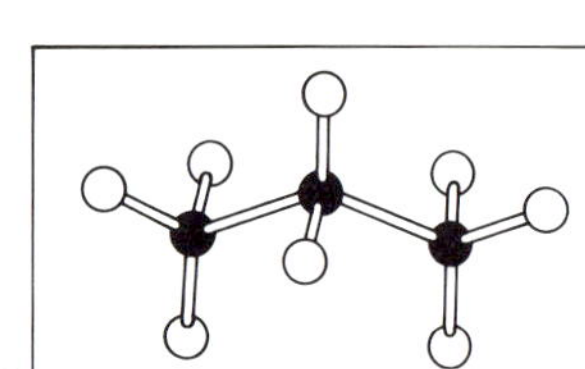

Abb. 4.7

4. In einem Alkan wird ein Wasserstoffatom durch ein Cl-Atom ersetzt (Abb. 4.8). Stelle die Struktur- und die Summenformel auf und benenne die entstandene Verbindung.

....

....

Strukturformel:

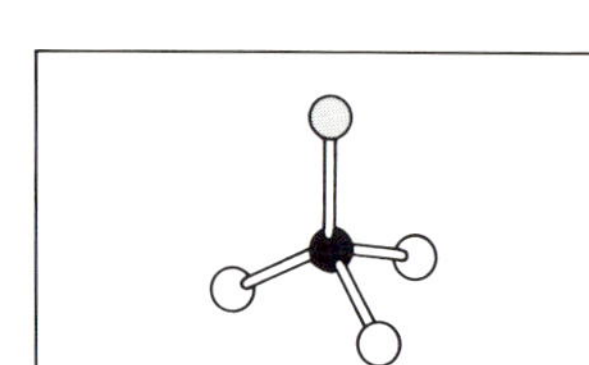

Abb. 4.8

3. Alkohole

3.1. Die alkoholische Gärung

In Alt-Uppsala (Schweden), einer einstmals heidnischen Kultstätte, steht neben drei großen Königshügeln ein weltbekanntes Gasthaus. Hier wird in Büffelhörnern ein Getränk ausgeschenkt, das der Wirt vorzüglich zu bereiten versteht. Es ist ein weinartig vergorenes Getränk aus Honig und Wasser, das die alten Germanen Met nannten. Sie bereiteten ihn, indem sie Honig mit Wasser mischten und dieses Honigwasser einige Zeit stehen ließen. Die Flüssigkeit begann zu gären, und die aufsteigenden Gasblasen bildeten Schaum.

Du kannst dir dieses Getränk selbst bereiten. Damit das Honigwasser zu gären beginnt, müssen aus der Luft sogenannte „Hefepilze“ in die Flüssigkeit hineinfallen. In ein offenes Gefäß gelangen sie bald hinein, und die Gärung beginnt langsam. Es dauert ein paar Tage, bis der Zucker vergoren ist. Möchtest du nicht so lange warten, kaufst du dir für ein paar Pfennige Preßhefe. Wenn du deiner Honigflüssigkeit diese Hefe zusetzt, erhältst du deinen „Met“ sehr viel schneller.

Versuch 2: In ein Becherglas (250 ml) füllst du drei Reagenzgläser Wasser und löst darin etwa 1 Teelöffel Honig auf. Anstelle des Honigs kannst du auch 6 Spatel Traubenzucker nehmen. Nun setzt du der Flüssigkeit ein viertel Päckchen zerkrümelte Hefe zu und rührst kräftig um. Wenn du das Glas einer möglichst gleichbleibenden Temperatur von 35 °C aussetzt (Heizung, Sonne, Wasserbad), kannst du schon nach 10 Minuten etwas beobachten. Koste das Getränk nach etwa zwei Stunden und schreibe deine Beobachtung auf.

....

....

....

Unsere Gärflüssigkeit soll Alkohol enthalten? Alkohol – der Chemiker nennt ihn **Äthanol** – hat einen so typischen Geruch, daß er bei vielen alkoholischen Flüssigkeiten wahrgenommen werden kann. Ist der Alkoholgehalt einer Flüssigkeit aber gering, läßt er sich durch den Geruch nicht mehr feststellen. Hier hilft nur eine empfindliche Nachweisreaktion. Wir probieren sie zunächst an reinem Äthanol aus.

Versuch 3: Löse 1 g Kaliumjodid in 5 ml Wasser und füge mit einer Pinzette Jodkristalle (Vorsicht, Jod ätzt die Haut) hinzu, bis sich die Flüssigkeit braun färbt. Gib nun 1 ml Äthanol zu der Lösung und laß dann so lange Natronlauge (10%ig) hineintropfen, bis die braune Farbe eben verschwindet. Erhitze die Flüssigkeit etwa 2 Minuten lang und laß sie dann abkühlen (Abb. 5.1). Betrachte die Flüssigkeit genau und prüfe den Geruch.

....

....

....

....

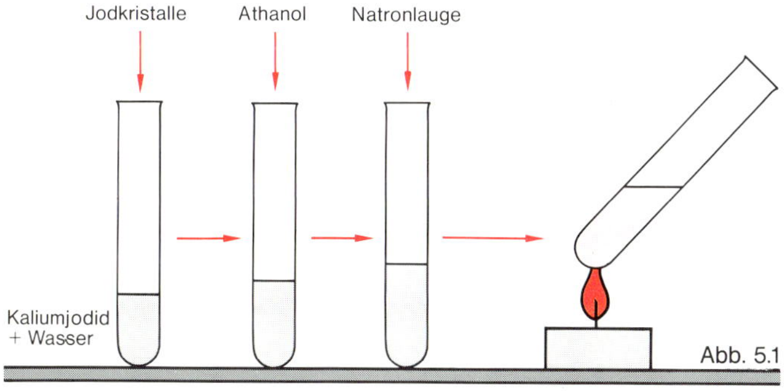

Abb. 5.1

Der Niederschlag heißt Jodoform (Trijodmethan CHJ_3). Schon bei kleinsten Mengen Jodoform ist sein typischer Geruch festzustellen. Die Jodoformprobe gilt deshalb als eine der empfindlichsten Nachweisreaktionen für Äthanol.

Versuch 4: Schüttele die Flüssigkeit im Reagenzglas gut durch und gib einen Tropfen davon auf einen Objektträger. Betrachte ihn unter dem Mikroskop. Zeichne das Bild ab (Abb. 5.2) und notiere deine Beobachtungen.

Welches der mikroskopischen Bilder in Abb. 32.3-6 entspricht etwa deiner Zeichnung?

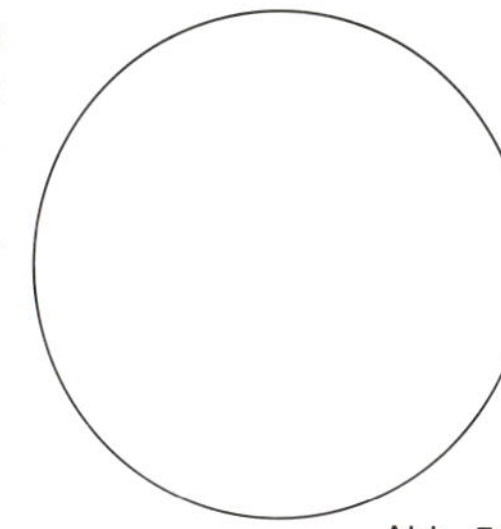
Abb. 5.2

....

....

....

Unsere Gärflüssigkeit aus Versuch 2 können wir nun mit der Jodoformprobe auf Alkohol prüfen. Bevor du die Probe durchführst, mußt du die Gärflüssigkeit durch einen Filter gießen, damit die Hefe zurückbleibt. Ihr Geruch würde beim Nachweis empfindlich stören.

Versuch 5: Führe nun die Probe nach der Anleitung zu Versuch 3 durch. Benutze anstelle des Äthanols deine Gärflüssigkeit.

....

....

....

Im nächsten Versuch wollen wir prüfen, aus welchem Gas die aufsteigenden Blasen bestehen. Wie Wasserstoff und Sauerstoff nachgewiesen werden, ist dir bekannt. Kohlendioxid wird mit Kalkwasser nachgewiesen. Das Kalkwasser trübt sich, wenn Kohlendioxid hindurchgeleitet wird.

Wir bereiten uns Kalkwasser, indem wir einen halben Spatel gebrannten oder gelöschten Kalk in ein Becherglas (250 ml) geben und das Glas bis zur Hälfte mit Wasser auffüllen. Es entsteht Kalkmilch, aus der wir durch Filtrieren das Kalkwasser erhalten.

Prüfe zunächst, ob die in der Gärflüssigkeit aufsteigenden Blasen aus Kohlendioxid bestehen. Notiere den Versuch und deine Beobachtung.

Versuch 6: ....

....

....

....

....

....

....

....

Bei der Vergärung von Honig oder Zuckerlösung entstehen

.... **und** ....

Wortgleichung: ....

3.2. Die Reihe der Alkohole

Methanol ist der einfachste Alkohol. Es wurde früher durch trockene Destillation des Holzes gewonnen. Es ist eine farblose, brennbare Flüssigkeit, die als Lösungsmittel, als Brennstoff und zum Vergällen von Spiritus verwendet wird. Methanol ist sehr giftig. Schon der Genuß geringer Mengen kann Lähmungserscheinungen, Erblindung oder sogar den Tod zur Folge haben.

Außer Methanol und dem trinkbaren Äthanol gibt es noch viele weitere Alkanole (Alkohole). Sie leiten sich von der Reihe der Alkane ab. Bei den Alkanen läßt sich ein Wasserstoffatom durch eine **OH-Gruppe** ersetzen. Die so entstehenden Alkanole erhalten die Endung „-ol“.

Aufgabe

Baue das Modell des Methanmoleküls und ersetze ein Wasserstoffatom durch eine OH-Gruppe. Verfahre ebenso mit dem Äthan. Benenne die entstandenen Moleküle, indem du sie mit den Abb. 6.1 u. 2 vergleichst.

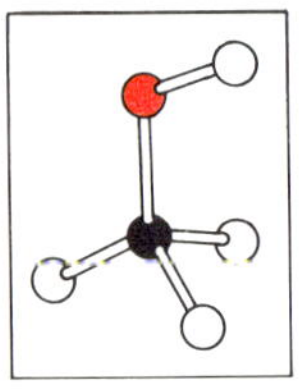

Abb. 6.1: Methanol

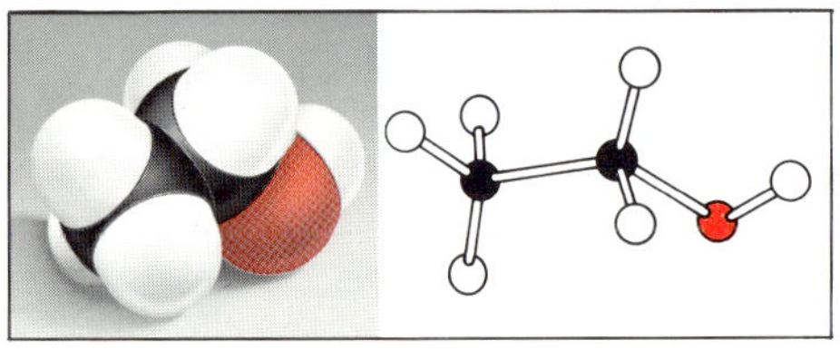

Abb. 6.2: Äthanol, Kalottenmodell, Kugelmodell

Damit die Alkohole nicht allein an ihrer Strukturformel, sondern auch an ihrer Summenformel erkannt werden können, werden sie gewöhnlich als **Gruppenformeln** geschrieben. Bei dieser Schreibweise sind charakteristische Atome oder Atomgruppen (bei den Alkoholen die OH-Gruppe) von den anderen Teilen der Formel deutlich getrennt. – Ergänze nun die folgende Übersicht.

Alkane		Alkanole	
Methan CH_4	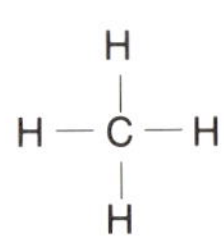	Methanol CH_3OH	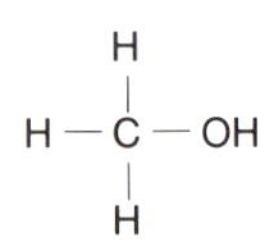
Äthan C_2H_6	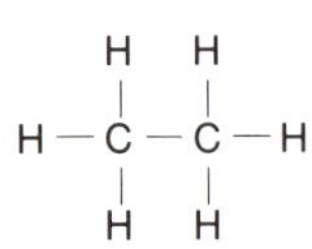		
Propan			
Butan			

Im Methanmolekül kann nur ein H-Atom durch eine OH-Gruppe ersetzt werden. Im Äthanmolekül lassen sich zwei H-Atome durch OH-Gruppen ersetzen. Im Propanmolekül können drei H-Atome durch OH-Gruppen ersetzt werden; dabei entsteht **Glycerin** (Abb. 6.3), das bei den Fetten von Bedeutung ist.

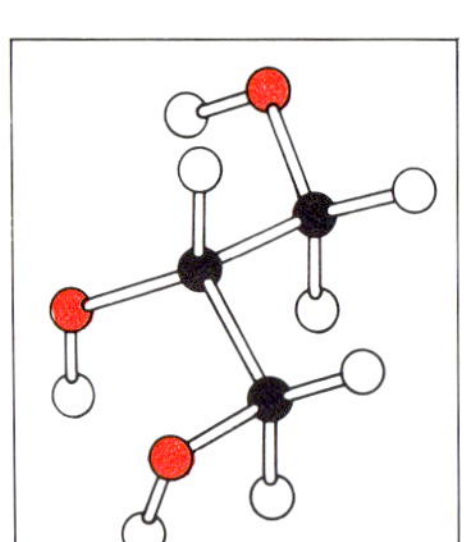

Abb. 6.3: Glycerin

Propan → Glycerin (Propantriol)

Abb. 6.4

Aufgaben

1. Baue das Modell des Propanmoleküls und ersetze drei H-Atome (an jedem C-Atom eins) durch OH-Gruppen. Vergleiche mit Abb. 6.3.
2. Gib die Summenformel von Äthanol an und stelle sie der Gruppenformel gegenüber. Begründe, warum es günstiger ist, mit der Gruppenformel zu arbeiten.
3. Prüfe Äthanol und Methanol mit rotem Lackmuspapier. Was kannst du über die OH-Gruppe der Alkohole sagen, wenn du sie mit der OH-Gruppe der Laugen vergleichst?
4. Die Siedepunkte der ersten Glieder der Alkohole sind: Methanol 64,5 °C, Äthanol ...., Propanol 97,2 °C, Butanol 117,8 °C. Wenn du die Siedepunkte der Alkohole mit den entsprechenden Strukturformeln vergleichst, kannst du daraus etwas ableiten.

3.3. Hefe – ein lebender Stoff

Bei den Versuchen zur alkoholischen Gärung haben wir festgestellt, daß eine Traubenzuckerlösung nur dann vergärt, wenn Hefe zugesetzt wird. Wir wollen uns mit der Hefe etwas eingehender beschäftigen und sie zunächst unter dem Mikroskop betrachten.

Versuch 7: Löse 0,5 g Hefe in 500 ml Wasser auf und gib einen Tropfen dieser Flüssigkeit auf einen Objektträger. Betrachte ihn bei starker Vergrößerung unter dem Mikroskop, indem du den Objektträger nach und nach unter dem Objektiv verschiebst.

....

....

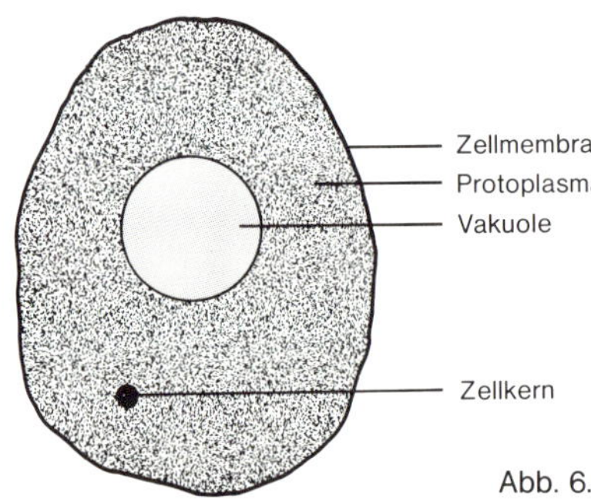

Abb. 6.5

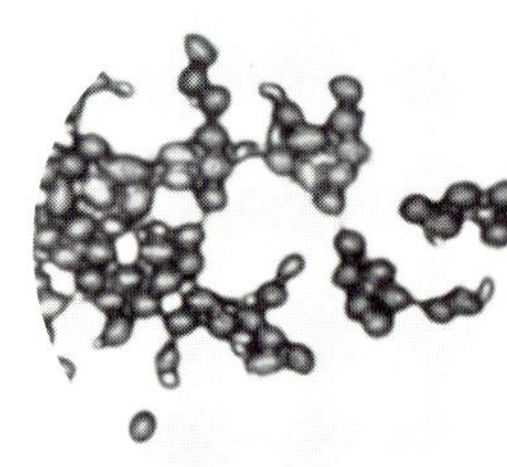

Abb. 6.6: Hefepilze, 270fach vergrößert

Jede einzelne Hefezelle ist ein selbständiges Lebewesen. Man bezeichnet solche einzelligen Kleinlebewesen als Mikroorganismen. Da die Hefezellen zur Pflanzengruppe der Pilze gehören, nennt man sie auch Hefepilze. Jede Hefezelle ist etwa $^{1}/_{100}$ mm groß und besteht aus der Zellmembran (Zellhaut), dem Zellkern und dem Protoplasma (Abb. 6.5). Im Protoplasma befindet sich noch ein Hohlraum, die sogenannte Vakuole, die mit Zellsaft gefüllt ist. Die Hefezelle kann durch die Zellmembran Traubenzucker aufnehmen und ihn in Kohlendioxid und Alkohol spalten. Diese Spaltprodukte werden durch die Zellhaut ausgeschieden.

Die Hefezellen vermehren sich durch Sprossung. Dabei bildet sich an einer beliebigen Stelle eine rundliche Wölbung der Zellhaut, die langsam größer wird und zur neuen Hefezelle auswächst. Der Zellkern der Mutterzelle teilt sich, und ein Teil wandert in die entstehende neue Zelle. Darauf schließen sich die Zellwände zwischen der Mutter- und Tochterzelle, und die neue Zelle beginnt ihr eigenständiges Leben. Die Tochterzelle kann sich nun von der Mutterzelle lösen, sie bleibt aber meist daran haften. Durch weitere Sprossung entsteht so ein Sproßverband (Abb. 6.6).

Die Hefezellen können nur dann wachsen und sprossen, wenn ihnen die zum Aufbau notwendigen Nährstoffe zugeführt werden. Sie brauchen Zucker, Eiweiß und Mineralsalze. Ist kein Eiweiß in der Nährlösung vorhanden, können sie aus Zucker und Stickstoffsalzen selbst Eiweiß bilden.

In der Luft befinden sich, für das menschliche Auge unsichtbar, Kleinlebewesen verschiedenster Art, darunter auch Hefepilze. Sie werden als „wilde" Hefen bezeichnet, im Gegensatz zu den gezüchteten Kulturhefen. Neben der in Fabriken gezüchteten Backhefe (Preßhefe) gibt es noch Bier-, Branntwein- und Weinhefen. Sie stammen alle von wilden Hefepilzen ab und bilden eine große Zahl von Rassen mit den verschiedensten Eigenschaften.

Früher nahm man an, daß lebende Hefepilze zur Vergärung von Traubenzucker notwendig seien. Aber ein Preßsaft aus völlig zerstörten Hefezellen kann ebenfalls Zuckerlösungen vergären. Im Preßsaft sind Stoffe enthalten, die von den ursprünglichen Hefepilzen erzeugt wurden und die die Gärung bewirken. Man bezeichnet sie als **Enzyme** oder als **Biokatalysatoren.** Es gibt auch in unserem Körper eine große Anzahl dieser Stoffe, die die aufgenommenen Nahrungsstoffe aufspalten. Die Enzyme spielen bei allen Lebensvorgängen eine entscheidende Rolle.

3.4. Die Gärung läßt sich verhindern

Nicht nur Zuckerlösungen, sondern auch Fruchtsäfte lassen sich vergären. So entsteht z. B. selbstbereiteter Johannisbeer- oder Stachelbeerwein. Die Gärung ist jedoch nicht immer erwünscht. Du brauchst nur an alkoholfreien Most zu denken oder an Kompott, das erst nach längerer Zeit gegessen werden soll.

Um die Gärung zu verhindern, wird z. B. Obst eingekocht oder in den Kühlschrank gestellt. Marmelade wird in den Gläsern häufig mit sogenanntem Salicylpapier abgedeckt, um Hefepilzen und Bakterien den Zutritt zu verwehren. Du sollst nun durch eine Versuchsreihe prüfen, ob diese Verfahren und Mittel die Gärung verhüten.

Versuch 8: Zunächst hältst du in einem Reagenzglasständer fünf Reagenzgläser bereit, die du von 1 bis 5 numerierst. Jedes dieser Gläser füllst du zu einem Drittel mit Wasser und gibst etwa 1 cm^3 zerkrümelte Hefe hinzu. Du erhältst auf diese Weise eine Hefeaufschwemmung.

Den Inhalt des ersten Reagenzglases kochst du ca. fünf Minuten lang über einem Brenner.

Das zweite Reagenzglas stellst du ca. 10 Minuten lang in das Gefrierfach des Kühlschrankes.

In das dritte Reagenzglas gibst du ca. 1 cm^3 Salicylsäure.

Glas 4 und Glas 5 bleiben zunächst unbehandelt.

Nun bereitest du eine Zuckerlösung, indem du einen Spatel Traubenzucker in einem Reagenzglas voll Wasser auflöst. Diese Zuckerlösung verteilst du möglichst gleichmäßig auf die ersten vier Reagenzgläser. Dem fünften Glas soll nur noch etwas Wasser zugegeben werden.

Damit keine wilde Hefe in die Gläser hineingelangen kann, verschließt du die Öffnungen mit einem Wattebausch. Dann stellst du alle fünf Reagenzgläser in ein handwarmes Wasserbad. Nach 15 Minuten brichst du den Versuch ab und betrachtest den Inhalt der einzelnen Reagenzgläser genau.

Ergebnisse:

1. Traubenzuckerlösung mit abgekochter Hefeaufschwemmung:

   ....

2. Traubenzuckerlösung mit stark gekühlter Hefeaufschwemmung:

   ....

3. Traubenzuckerlösung mit Hefeaufschwemmung und Salicylsäure:

   ....

4. Traubenzuckerlösung mit unbehandelter Hefeaufschwemmung:

   ....

5. Wasser mit Hefeaufschwemmung:

   ....

Welche Schlüsse kannst du aus den Versuchsergebnissen ziehen?

3.5. Aus Gerste wird Bier

In den Bierbrauereien wird aus keimender Gerste (Malz) das Bier hergestellt. Die Gerste entwickelt beim Keimen ein Enzym, das die Stärke der Gerste in Malzzucker verwandelt. Diesem Malzzucker wird später Bierhefe zugesetzt, deren Enzyme (Biokatalysatoren) den Malzzucker zum Gären bringen. Dabei entstehen Alkohol und Kohlendioxid.

Das Bier erhält seinen bitteren Geschmack durch die Bitterstoffe des Hopfens. Gleichzeitig wird es haltbar und bekömmlich.

Abb. 7.1 zeigt dir in einem Fließbild die Herstellung des Bieres. Versuche, die wichtigsten Vorgänge zu erklären.

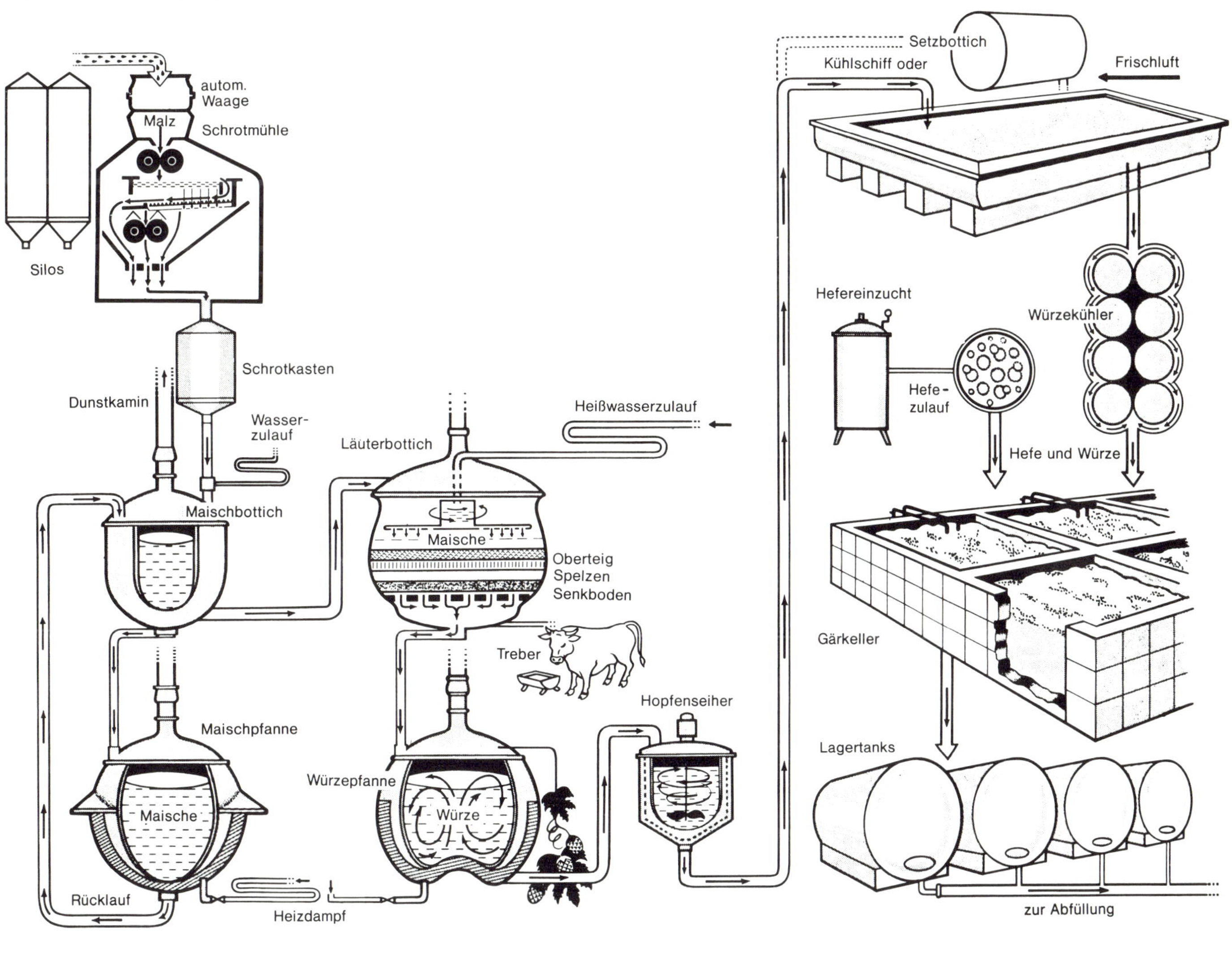

Abb. 7.1: Herstellung des Bieres

3.6. Die Wirkung des Alkohols auf den Körper

Die Wirkung eines Glases Wein oder Bier äußert sich bei jedem Menschen anders. Das richtet sich nach der Anlage, der Gewöhnung, dem Alter usw.

Bringt man eine lebende Zelle in Alkohol, so schrumpft sie zusammen und stirbt ab. Alkohol ist also ein Gift, das Lebendes vernichtet.

Vergleichen wir einmal die Wirkung von Alkohol und Wasser auf Eiklar.

Versuch 9: Schlage ein Ei auf und trenne das Eiklar vom Eidotter. Verteile das Eiklar auf zwei Bechergläser. Gieße nun 96%igen Alkohol (Spiritus) auf das Eiklar des ersten Glases und zum Vergleich Wasser auf das des zweiten Glases.

....

....

Die Veränderung des Eiklars im Alkohol ist auf die „Wassergierigkeit" des Alkohols zurückzuführen. Alle Zellen können nur leben, wenn sie einen gewissen Wassergehalt haben. Wenn der Alkohol einen Teil des Wassers entzieht, so ist die Zelle nicht mehr lebensfähig.

Denke nach!

1. Welche Alkohole gibt es außer Äthanol?
2. Bei der Bestimmung des Siedepunktes eines Alkohols wurde eine Temperatur von 64,5 °C gemessen. Um welchen Alkohol handelte es sich?
3. Alkoholische Gärung ist ohne Hefe nicht möglich. Welche Aufgabe hat die Hefe zu erfüllen?
4. Wenn man Obstsaft längere Zeit offen stehenläßt, beginnt er zu gären, ohne daß man Hefe hinzugegeben hat. Wie ist das möglich?
5. Wie läßt sich die Gärung bei Most oder Kompott verhindern?
6. Welche Aufgabe hat das mit Wasser gefüllte Gärröhrchen ② auf einem Gärkolben ① (Abb. 8.1)?
7. Überlege, warum höherprozentiger Alkohol nicht durch Gärung gewonnen werden kann.
8. Wird unserem Körper zum Zwecke der Untersuchung Blut entnommen, so wird die Körperstelle u. a. mit Alkohol desinfiziert. Suche eine Erklärung für das Wort *Desinfektion.*

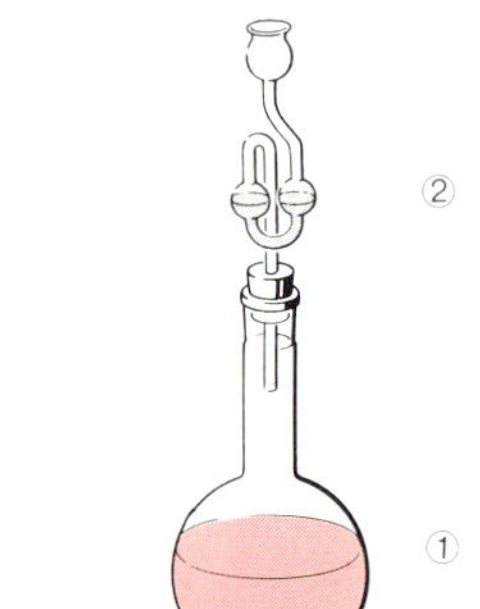

Abb. 8.1

3.7. Was wir uns merken wollen

1. Was entsteht bei der Vergärung einer Zuckerlösung (Abb. 8.2)?

Wortgleichung: ....

2. Nenne zwei Möglichkeiten, wie Alkohol in Flüssigkeiten nachgewiesen werden kann (Abb. 8.3 u. 4).

① ....

② ....

3. Wie läßt sich aus einer alkoholischen Flüssigkeit Alkohol gewinnen (Abb. 8.5)?

....

4. Wie werden Methanol (Abb. 8.6) und Äthanol (Abb. 8.7) von den entsprechenden Alkanen abgeleitet?

....

....

....

5. Wie ist die Hefezelle aufgebaut?

....

....

....

6. Welche Stoffe benötigt die Hefe zur Vermehrung (Sprossung)?

....

....

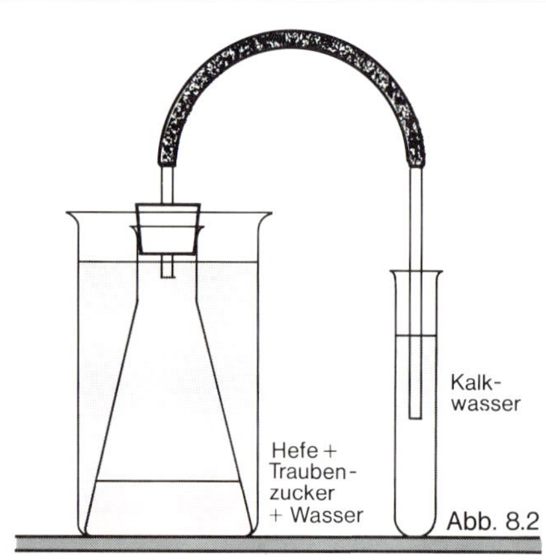

Abb. 8.2

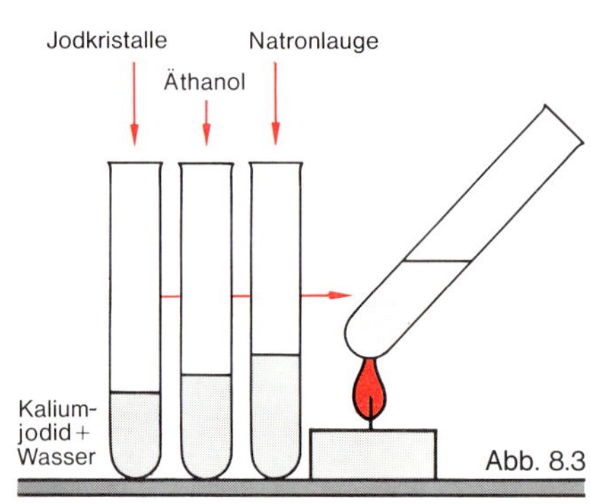

Abb. 8.3

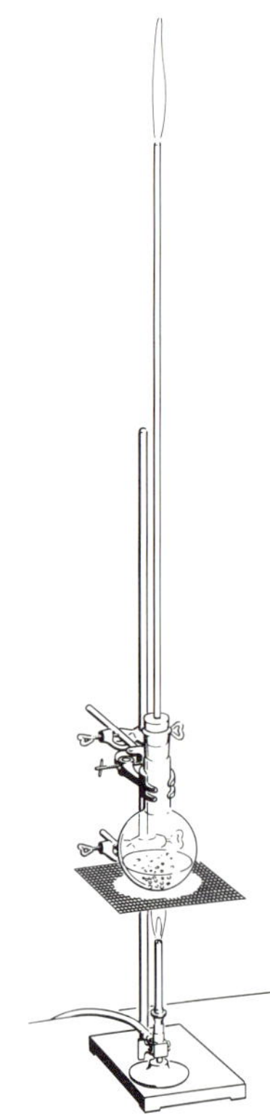
Abb. 8.4

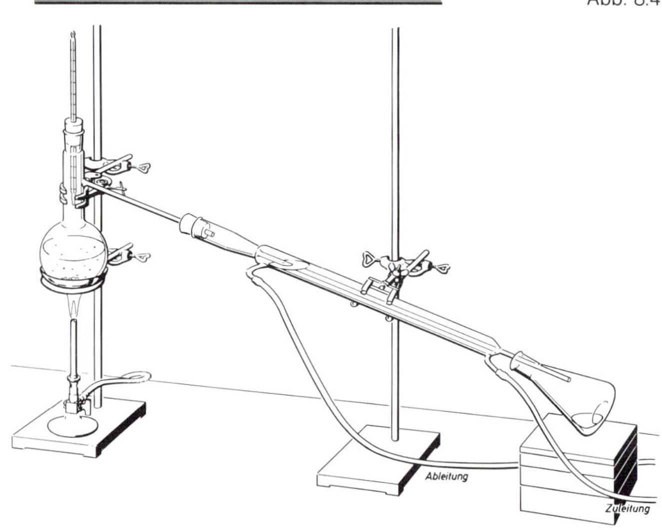

Abb. 8.5

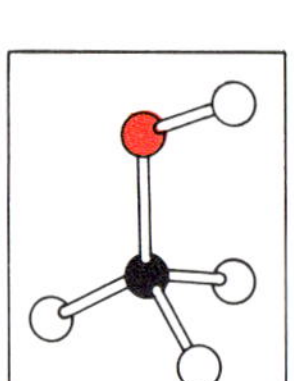
Abb. 8.6

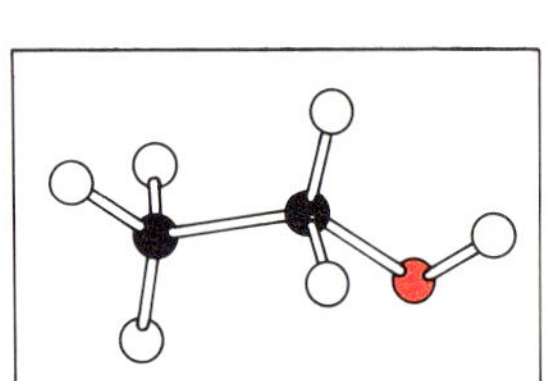
Abb. 8.7

4. Organische Säuren

4.1. Kann Wein sauer werden?

Häufig wird eine Flasche Wein geöffnet, aber nicht ganz ausgetrunken. Kostet man den Weinrest nach ein paar Tagen, schmeckt er nicht mehr. Was geschieht, wenn eine alkoholische Flüssigkeit längere Zeit an der Luft offen steht?

Versuch 10: Gib deine alkoholische Flüssigkeit oder etwas Wein in eine Schale und laß sie einige Tage an einem warmen Ort stehen. Beobachte während dieser Zeit, welche Veränderungen mit der Flüssigkeit vor sich gehen. Achte dabei auf die Oberfläche, das Aussehen und den Geschmack.

1. Oberfläche: ....
2. Aussehen: ....
3. Geschmack: ....

....

Wie kann sich aus einer alkoholischen Flüssigkeit (Wein, Bier) Essigsäure bilden?

Versuch 11: Auf der Oberfläche des Weins bildet sich an der Luft eine dünne Haut, die nach längerer Zeit schimmelartige Flocken zeigt. Bringe ein wenig von diesem Schimmel auf einen Objektträger und untersuche ihn unter dem Mikroskop, zunächst bei geringer, dann bei starker Vergrößerung. Vergleiche dein mikroskopisches Bild mit Abb. 9.1.

....

....

....

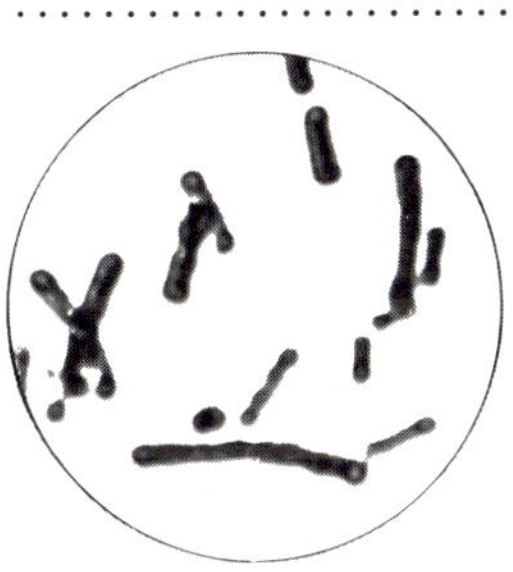

Abb. 9.1: Essigsäurebakterien, 800fach vergrößert

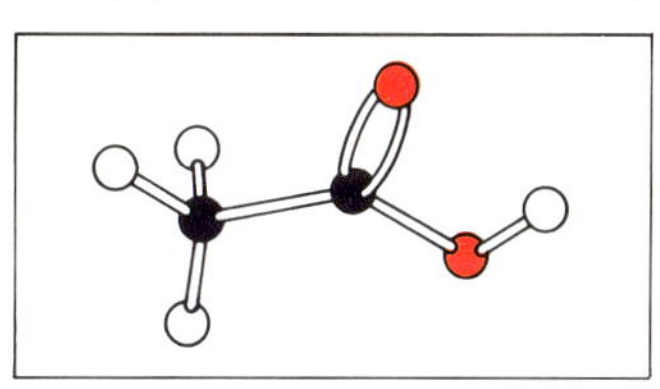

Abb. 9.2: Äthansäure

Das mikroskopische Bild zeigt untereinander ähnliche Formen. Es sind Anhäufungen von Essigsäurebakterien. Sie scheiden, ebenso wie die Hefepilze, gärungserregende Enzyme (Biokatalysatoren) ab, die aber nicht den Zucker chemisch umformen, sondern den Alkohol. Bei der Umwandlung entsteht aus dem Äthanol Äthansäure, die auch Essigsäure genannt wird (Abb. 9.2). Die Essigsäurebakterien gelangen aus der Luft in die alkoholische Flüssigkeit. Sie sorgen als Sauerstoffträger für Sauerstoffzufuhr, die für diese chemische Umwandlung des Alkohols erforderlich ist.

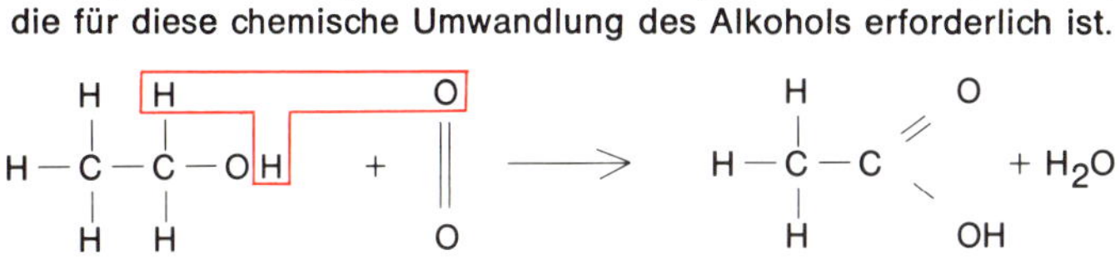

$C_2H_5OH + O_2 \longrightarrow CH_3COOH + H_2O$

Abb. 9.3

Wortgleichung: ....

....

Auch die Formel der Essigsäure CH_3COOH ist eine Gruppenformel, wie wir sie bei den Alkanolen kennengelernt haben.

Die typische Anordnung der Atome in der Essigsäureformel (Abb. 9.4) tritt auch bei allen anderen organischen Säuren auf. Sie wird als **COOH-Gruppe** bezeichnet. Abb. 9.5 zeigt als Beispiel das Molekülmodell der übelriechenden Buttersäure (Butansäure).

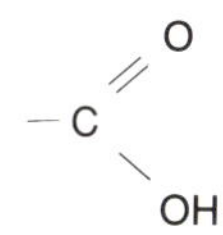

Abb. 9.4

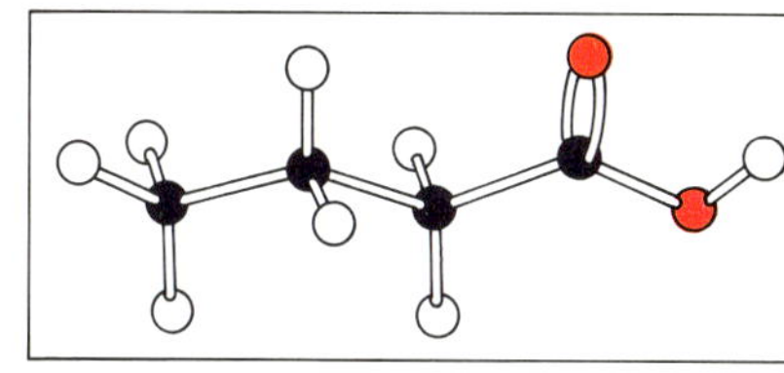

Abb. 9.5: Buttersäure

Dem Versuch 10 und der chemischen Formel entsprechend, kann man sich auch weitere Säuren aus den dazugehörigen Alkanolen entstanden denken. Beginnen wir mit der einfachsten Säure, der Methansäure, so ergibt sich folgende Reihe:

Methanol	CH_3OH	→	Methansäure (Ameisensäure)	$HCOOH$
Äthanol	C_2H_5OH	→	Äthansäure (Essigsäure)	CH_3COOH
Propanol	C_3H_7OH	→	Propansäure	C_2H_5COOH
Butanol	C_4H_9OH	→	Butansäure (Buttersäure)	C_3H_7COOH

Die Reihe der Alkansäuren kann noch weiter fortgesetzt werden. Abb. 9.6 zeigt das Molekülmodell einer organischen Säure mit wesentlich längerer Kohlenstoffkette. Es ist das Molekülmodell der Stearinsäure, die z. B. in den Stearinkerzen enthalten ist. Wegen der Länge ihrer Kohlenstoffkette ist Stearinsäure ein fester Stoff.

Aufgaben

1. Fertige nach Abb. 9.5 das Molekülmodell der Buttersäure an. Baue zunächst die Kohlenstoffkette auf. Besetze dann die Bindemöglichkeiten des letzten C-Atoms mit einem doppelt gebundenen O-Atom und einer OH-Gruppe. Damit ist die COOH-Gruppe vollständig. Ergänze die noch freien Bindemöglichkeiten der übrigen C-Atome mit H-Atomen.
2. Leite aus Abb. 9.5 und 9.6 die jeweilige Struktur- und Gruppenformel ab.
3. Abb. 9.7 zeigt die Strukturformel der Methansäure (Ameisensäure). Baue danach das Molekülmodell.
4. Stelle die Strukturformel der Äthansäure (Essigsäure) auf und baue danach das Molekülmodell.

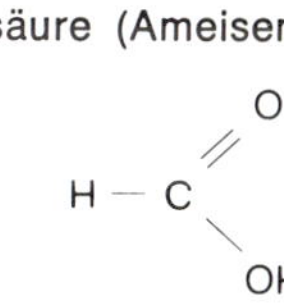

Abb. 9.7

4.2. Alkane, Alkanole, Alkansäuren

Aufgaben

1. Fertige nach dem unten angegebenen Muster eine Tabelle an. Trage nach dem Beispiel des Methans die **Struktur-** und **Gruppenformeln** der ersten vier Glieder der Alkane, Alkanole und Alkansäuren in die Tabelle ein.

Alkane	Alkanole	Alkansäuren
H H — C — H H CH_4 Methan		

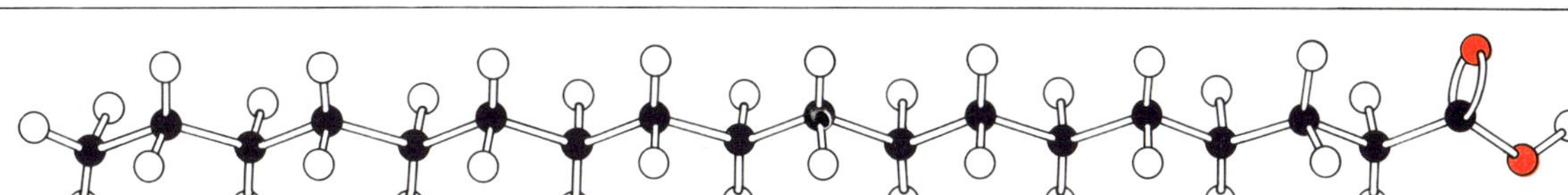

Abb. 9.6: Stearinsäure

2. Durch Oxidation von Äthanol entsteht Äthansäure (→ Versuch 10). Auf diese Weise könnten auch die anderen Glieder dieser Reihe (Methansäure, Propansäure, Butansäure) entstanden sein. Ob die Alkanole Sauerstoff aufgenommen haben, läßt sich zwar schon aus der Gruppenformel ablesen, besser jedoch aus der Summenformel.

   Fertige eine weitere Tabelle an. Trage aber diesmal nur die **Summenformeln** aller Verbindungen ein. Vergleiche dann die Summenformeln der Alkanole mit denen der Alkansäuren. Läßt sich eine Oxidation feststellen?
3. Könnten die Alkanole aus den Alkanen durch Oxidation entstanden sein? Vergleiche daraufhin die Summenformel des Methans mit der des Methanols usw.
4. Fasse die Ergebnisse deiner Überlegungen zu den Aufgaben 2 und 3 in kurzen Sätzen oder in einem Schema zusammen.

4.3. Essigfabrikation

Essig wird hauptsächlich durch Vergären von Äthanol (Äthylalkohol) mit Hilfe der Essigsäurebakterien hergestellt. Nur ein kleiner Teil entsteht durch Verdünnen von synthetisch erzeugter, reiner Essigsäure. Ausgangsstoffe zur Bereitung von Gärungsessig sind Wein, Branntwein und vergorene Obstsäfte.

Zur Gewinnung von Essigsäure müssen Alkohol, Sauerstoff und Essigsäurebakterien vorhanden sein. Verdünnter Alkohol (unter 18 %) wird mit Nährstoffen für die Essigsäurebakterien versetzt und in einen Behälter gepumpt. Dort wird das Gemisch bei einer konstant gehaltenen Temperatur im Kreislauf über Buchenholzspäne oder über eine Aktivkohlefüllung verrieselt. Diese Stoffe bieten den Bakterien erfahrungsgemäß gute Lebensbedingungen.

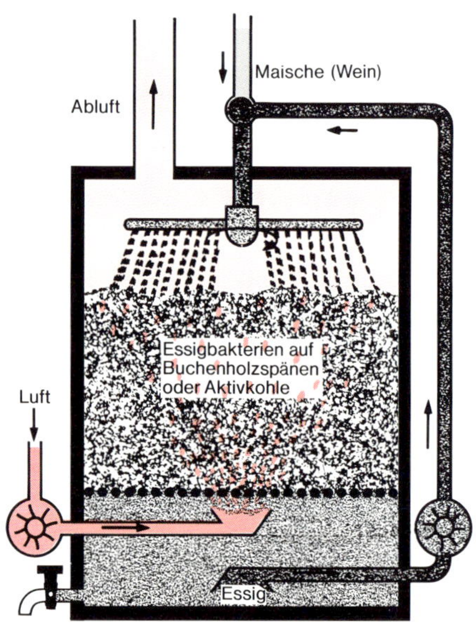

Abb. 10.1

Die Behälterfüllung ist mit Essigsäurebakterien besiedelt, die in Anwesenheit von Luft durch Enzyme das Äthanol in Äthanal und dieses weiter zu Essigsäure oxidieren (Abb. 10.1). Die Geschmacksrichtung des Essigs (z. B. Weinessig, Spritessig, Obstessig) wird durch die verwendeten Rohstoffe bestimmt.

Essigsäure ist eine stechend riechende Flüssigkeit und nicht ungefährlich. Wird sie unverdünnt getrunken, verätzt sie die Schleimhäute in Mund, Rachen und Magen und verursacht lebensgefährliche Verletzungen. Der im Haushalt verwendete Speiseessig enthält 3,5 % Essigsäure, der Einmachessig 5 %.

Denke nach!

1. Stearinkerzen bestehen aus Stearin- und Palmitinsäure. Es läßt sich schwer einsehen, daß solche Kerzen aus Säuren bestehen sollen. Wie läßt sich das prüfen?
2. Warum tötet der Winzer die im Weinfaß vorhandenen Bakterien und Pilze durch Schwefeldioxid ab, bevor er den Wein einfüllt?
3. Was fällt dir beim Vergleich der Essigsäurebakterien mit den Hefezellen auf?
4. Wie heißt der chemische Vorgang, bei dem aus den Alkoholen die entsprechenden Säuren entstehen?
5. Lies die Zeitungsnotiz vom 27. 5. 72 und gib die Gründe an, warum diese Verordnung erlassen wurde (Abb. 10.2).
6. a) Was kannst du aus der Kurve in Abb. 10.3 ablesen?
   b) Hat Äthansäure einen höheren Siedepunkt als Butansäure?

Essigsäure nicht über 25 Prozent

Bonn (dpa). Essigsäure, die zur Verwendung im Haushalt bestimmt ist, darf künftig nicht stärker als 25 Proz. sein. Das sieht eine Verordnung des Bundesgesundheitsministeriums vor, die bereits vom Bundesrat gebilligt ist. Essigsäure war bisher in Konzentrationen bis zu 80 Prozent im Handel.

Abb. 10.2

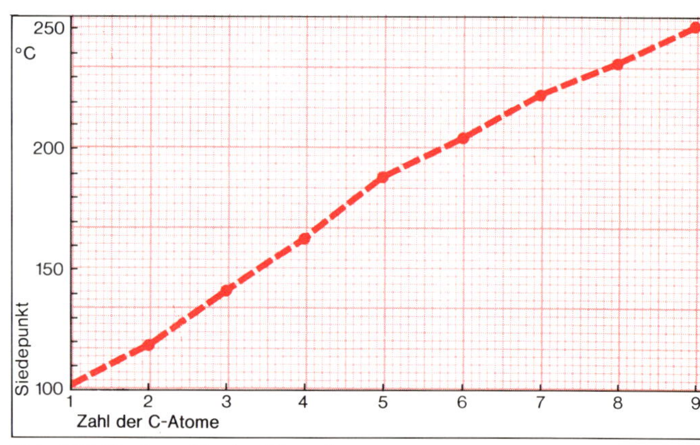

Abb. 10.3: Siedepunkte der Alkansäuren

4.4. Was wir uns merken wollen

1. Was geschieht, wenn man alkoholische Flüssigkeiten längere Zeit an der Luft offen stehen läßt?

. . . .

. . . .

Wortgleichung: . . . .

. . . .

Symbolgleichung: . . . .

2. Was ist erforderlich, damit sich aus Äthanol Äthansäure (Essigsäure) bildet?

① . . . .

② . . . .

③ . . . .

3. Es gibt eine große Anzahl von Alkansäuren. Woran kannst du sie erkennen (Abb. 10.4)?

. . . .

. . . .

. . . .

. . . .

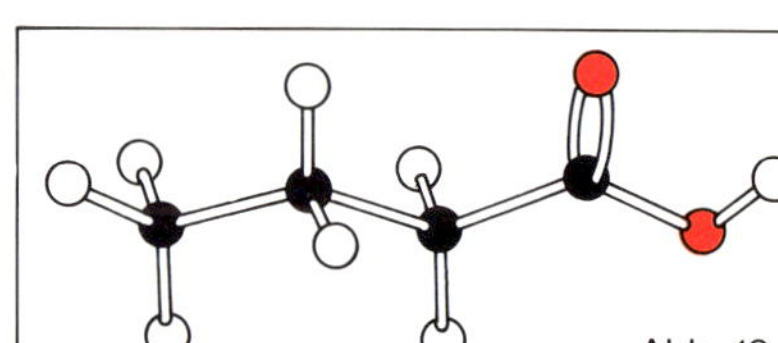
Abb. 10.4

4. Erkläre das folgende Schema:

Alkane —Oxidation→ **Alkanole** —Oxidation→ **Alkansäuren**

. . . .

. . . .

. . . .

5. Fette

5.1. Woher erhalten die Pflanzen ihre Nahrung?

Betrachten wir einmal die Speisen, die wir täglich zu uns nehmen, so stellen wir fest, daß sie sich zu einem großen Teil aus pflanzlichen Bestandteilen zusammensetzen. Der restliche Teil ist tierischen Ursprungs. Die Tiere wiederum ernähren sich von Pflanzen oder pflanzenfressenden Tieren. Wir können also letzten Endes nur leben, weil es die Pflanzen gibt. Nur sie sind in der Lage, anorganische Stoffe in organische umzuwandeln. Sie brauchen also keine Substanzen aufzunehmen, die bereits von anderen Lebewesen erzeugt wurden.

Der Ablauf dieser Umwandlungsprozesse ist jedoch nur möglich, weil die Pflanzen Chlorophyll enthalten. So heißt der Pflanzenfarbstoff, der sich in jeder grünen Pflanzenzelle befindet. Er dient bei den Umwandlungsprozessen als unentbehrlicher Katalysator.

Als Ausgangsstoffe für die Nährstoffbildung benötigen die Pflanzen Kohlendioxid aus der Luft, Wasser und Mineralstoffe aus dem Boden und Sonnenenergie. Unter Mitwirkung der Sonnenenergie werden die Moleküle des Kohlendioxids und des Wassers in den Pflanzenzellen mit Hilfe des Chlorophylls gespalten und ihre Atome zu Zuckermolekülen zusammengelagert. Dabei wird Sauerstoff frei, den die Pflanzen an die Luft abgeben (Abb. 11.1).

$$\text{Kohlendioxid} + \text{Wasser} \xrightarrow[\text{Chlorophyll}]{\text{Sonnenenergie}} \text{Traubenzucker} + \text{Sauerstoff}$$

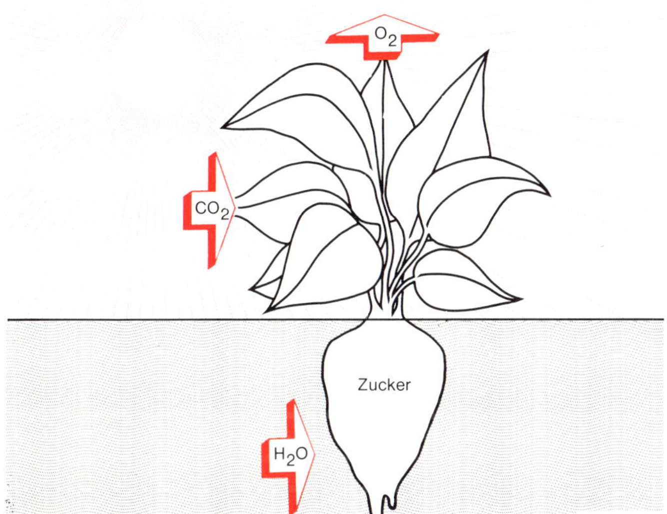

Abb. 11.1

Da die ständig ansteigende Zuckerkonzentration die weitere Arbeit der Zellen stört, werden die Zuckermoleküle unter Wasserabspaltung in Stärke umgewandelt. Die Stärkemoleküle lagern sich während des Tages zu winzig kleinen Stärkekörnern zusammen, die zunächst in den Pflanzenzellen abgelagert werden. Während der Dunkelheit, wenn die Bildung des Zuckers unterbrochen ist, werden die unlöslichen Stärkemoleküle wieder in wasserlösliche Zucker umgewandelt. Sie gelangen durch die Zellwände in die Adern der Blätter und werden in alle Teile der Pflanze transportiert.

Obwohl jede grüne Pflanze Zucker bildet, gibt es nur wenige Pflanzen, die ihn auch als Zucker speichern. Zu ihnen gehören das Zuckerrohr und die Zuckerrübe. Einige Pflanzen, z. B. Getreide oder Kartoffeln, bilden einen Stärkevorrat. Dazu wird ein Teil des Zuckers in Stärke umgewandelt und in dieser Form gespeichert. Der Rest des Zuckers wird zum Aufbau der Pflanze verbraucht. Er verbindet sich mit den Mineralstoffen zu neuen Substanzen. Die Pflanzen, in denen weder Zucker noch Stärke gespeichert werden, spalten die Stärke auf und bilden daraus fette Öle oder Fette. Neun Zehntel aller Samenpflanzen speichern im Plasma ihrer Samen fette Öle als Reservestoffe. Außerdem werden in den Zellen geringe Mengen Eiweiß gebildet.

Diese vielschichtigen Vorgänge können nur ablaufen, wenn das Chlorophyll die Sonnenenergie in chemische Energie umwandelt. Alle Kraftwerke und Motoren der Erde und alle Atomreaktoren zusammen können nicht annähernd die gewaltigen Energiemengen produzieren, die in der gleichen Zeit von den grünen Pflanzen überall auf der Erde gespeichert werden. Und dabei wird nur etwa ein Vierzigtausendstel der Sonnenenergie, die auf unsere Erde trifft, von den Pflanzen genutzt!

Aufgaben

1. In jedem Quadratmeter Blattoberfläche kann das Chlorophyll pro Stunde 0,5 – 1 g Stärke erzeugen. Die Blattoberfläche eines mittelgroßen Baumes beträgt etwa 1000 Quadratmeter.
   a) Berechne, wieviel Stärke unter guten Bedingungen in einer Stunde gebildet werden kann.
   b) Wie groß ist die tägliche Stärkeproduktion eines Baumes, wenn an einem Sommertag die Sonne 12 Stunden scheint?
2. Beschreibe die Vorgänge in Abb. 11.1.

5.2. Unsere Nahrungsmittel

Wir essen Gemüse, Salat und Obst, Kartoffeln, Brot und pflanzliche Öle. Dabei nehmen wir also direkt die von Pflanzen gebildeten Stoffe auf. Aber auch Milch, Butter, Fleisch oder andere tierische Produkte sind aus Stoffen entstanden, die Pflanzen vorher aus Wasser und Kohlendioxid unter Einwirkung der Sonnenenergie produzierten.

Dieselben Nährstoffe, die wir in der Nahrung zu uns nehmen, finden wir auch in unserem Körper wieder. Abb. 11.2 zeigt seine Zusammensetzung.

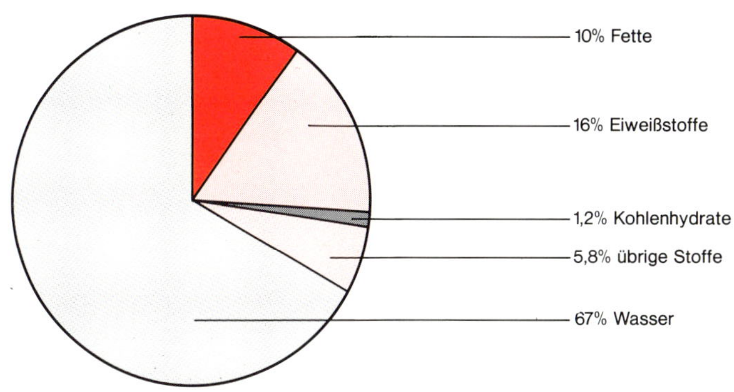

Abb. 11.2: Zusammensetzung des menschlichen Körpers

Man hat festgestellt, daß ein Mensch zur Erhaltung seines Lebens bei mäßiger Tätigkeit folgende Hauptnährstoffe täglich benötigt:

Fett	50 g,
Eiweiß	120 g,
Stärke und Zucker	400 – 500 g.

Neben den Hauptnährstoffen braucht der Körper als Ergänzungsstoffe noch Mineralsalze, Spurenelemente und Vitamine. Da diese Stoffe viele Lebensvorgänge steuern, müssen sie unbedingt in geringen Mengen in der täglichen Nahrung vorhanden sein. Ihr Fehlen kann zu schweren Erkrankungen führen.

Die Hauptnährstoffe sind in den Nahrungsmitteln in unterschiedlichen Mengen vorhanden. Wir werden im Folgenden den chemischen Aufbau der Hauptnährstoffe kennenlernen und sie in einigen Nahrungsmitteln nachweisen.

5.3. Einteilung der Fette

Ein für den Menschen unentbehrliches Nahrungsmittel ist das Fett. Wir wollen die verschiedenen Fettarten in kleinen Gläsern sammeln (Öl, Margarine, Butter, Schmalz, Rindertalg, Palmin usw.). – Ordne die Fettarten in die folgende Tabelle ein.

Pflanzenfette	Tierfette

Ordne deine Fettproben nun nach ihrer Festigkeit.

flüssige Fette	weiche Fette	feste Fette

Wie kannst du feststellen, ob die Proben wirklich aus Fett bestehen? Denke bei der Planung des Versuches an einen Fettfleck.

Versuch 12: ....

....

....

....

....

....

....

....

Ist die Fettprobe eindeutig? Wird nicht auch durch Wasser ein bleibender Fleck auf Papier hervorgerufen?

....

....

Du kannst zu einem falschen Ergebnis kommen, wenn der Fleck auf dem Papier noch feucht ist. Der Versuchsablauf läßt sich beschleunigen, wenn das Papier mit dem Fleck auf einen warmen Heizkörper oder auf eine Heizplatte gelegt wird.

Es gibt Öle, die nicht oft genannt werden, die aber sehr wertvoll sind, z. B. das Geraniumöl oder das kostbare Rosenöl. Weniger kostbar sind Orangenöl oder Fichtennadelöl. Diese Öle sind die Duftstoffe unserer Parfüms. Hinterlassen sie auf Papier ebenfalls einen bleibenden Fettfleck?

Versuch 13: Drücke einen Tropfen Saft aus einer Orangenschale auf ein Blatt Papier. Halte nach einer längeren Trockenzeit das Blatt gegen das Licht.

Führe einen entsprechenden Versuch auch mit Rosenblättern (möglichst weiß) durch, die du auf Papier drückst.

....

....

Öl, das einen bleibenden Fettfleck verursacht, wird als **fettes Öl** bezeichnet. Damit soll wohl auch der Gegensatz zu den Mineralölen (Kohlenwasserstoffe) herausgestellt werden. Öl, das so schnell wie Äther verfliegt, wird als **ätherisches Öl** bezeichnet. Die ätherischen Öle zählen nicht zu den Fetten, weil sie einen andersartigen chemischen Aufbau haben.

Die folgende Übersicht zeigt, wieviel 1 kg der angegebenen ätherischen Öle zur Zeit etwa kostet:

Orangenöl, kalifornisch	5,– DM
Fichtennadelöl, sibirisch	26,– DM
Latschenkiefernöl, Tirol	29,– DM
Zitronenöl, italienisch	60,– DM
Lavendelöl, französisch	65,– DM
Nelkenblütenöl	88,– DM
Geraniumöl, Bourbon	150,– DM
Kamillenöl, römisch	1050,– DM
Rosenöl, bulgarisch	6000,– DM

Heute werden diese ätherischen Öle zum Teil bereits synthetisch hergestellt. Sie können die natürlich gewonnenen Duftstoffe jedoch nicht voll ersetzen, da deren Zusammensetzung noch nicht vollständig bekannt ist. Die synthetischen ätherischen Öle sind billiger als die natürlichen. Sie haben auch den Vorteil, qualitativ und preislich von Ernteschwankungen unabhängig zu sein, erreichen aber nicht die Qualität der natürlichen ätherischen Öle.

5.4. Aus welchen Elementen bestehen die Fette?

Wir wissen bereits, daß einige Pflanzen besonders in ihren Samen Fett speichern. Wie dieses Fett gespeichert ist, soll aus der folgenden Untersuchungsaufgabe deutlich werden.

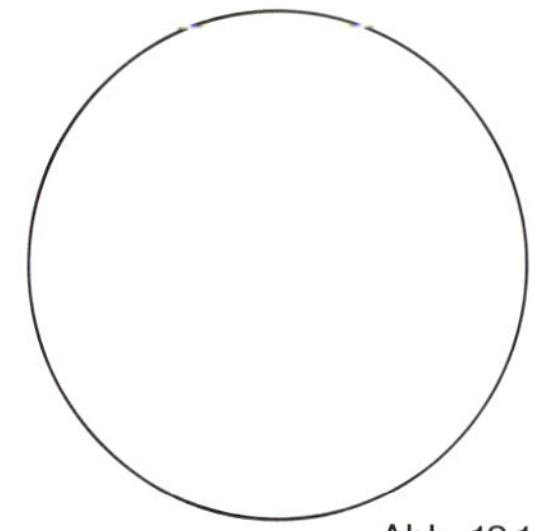
Abb. 12.1

Versuch 14: Fertige dünne Schnitte von ölhaltigen Samen (Nüssen, Bucheckern usw.) an, bringe sie auf einen Objektträger und untersuche sie unter dem Mikroskop bei etwa 100facher Vergrößerung. Zeichne das Objekt ab (Abb. 12.1) und beschreibe es.

Welches der mikroskopischen Bilder in Abb. 32.3-6 entspricht etwa deiner Zeichnung?

....

....

....

Aus welchen Elementen die Fette bestehen, kannst du sagen, wenn du über die Vorgänge bei der Photosynthese Bescheid weißt. Löse dazu die folgenden Aufgaben der Reihe nach schriftlich. Deine Vermutungen können später im Unterricht durch Versuche überprüft werden.

Aufgaben

1. Welche Stoffe bzw. Verbindungen stehen der Pflanze unter anderen zum Aufbau der Fette zur Verfügung?
2. Aus welchen Elementen können die Fette demnach aufgebaut sein?
3. Durch Versuche wollen wir die in den Fetten vermuteten Elemente nachweisen. Warum dürfen für diese Versuche nur wasserfreie Fette verwendet werden? Beantworte zunächst die Frage und plane dann die Versuche.

5.5. Butterfett wird gespalten

Aus den Ergebnissen der vorangegangenen Fragen und Versuche geht hervor, daß die Fette aus den Elementen Kohlenstoff, Wasserstoff und Sauerstoff bestehen. Um etwas über den Aufbau der Fette zu erfahren, soll im folgenden Versuch Fett zersetzt werden. Das ist durch starkes Erhitzen möglich.

Versuch 15: Gib in ein Reagenzglas ein wenig Butter mit 3 g Kaliumhydrogensulfat. Erhitze das Gemisch über einer kleinen Flamme und prüfe den Geruch der entweichenden Dämpfe. Führe den gleichen Versuch anschließend mit Glycerin durch.

....

....

....

Aus dem Glycerin hat sich mit Hilfe wasserentziehender Stoffe (z. B. Kaliumhydrogensulfat) das stark riechende Acrolein gebildet. Da wir beim Fett den gleichen Geruch bemerkt haben, können wir annehmen, daß bei starkem Erhitzen (Spalten) von Fett Glycerin entstanden ist.

Welche Stoffe außer Glycerin können durch Spaltung von Butter noch entstehen? – Fette werden bei längerem Aufbewahren, besonders im Sommer, unter Einwirkung von Bakterien ranzig. Sie bekommen einen unangenehmen Geschmack und Geruch. Das ist auf eine chemische Umwandlung zurückzuführen. Bei der Spaltung des Fettes durch Bakterien entstehen außer Glycerin also noch andere Stoffe.

Versuch 16: Streiche ein wenig Butter in dünner Schicht auf eine Glasplatte und laß sie einige Zeit in der Sonne liegen. Lege anschließend ein Stück blaues Lackmuspapier darauf. Wiederhole die Lackmusprobe nach 3–4 Tagen.

Das Butterfett riecht nach Buttersäure, die bei der Spaltung der Butter (Sauerwerden, Ranzigwerden) entsteht. Sie leitet sich vom Butan ab (→ S. 9).

In unserem Experiment kann die Spaltung der Butter nur sehr unvollkommen sein. Außerdem reichen unsere Untersuchungsmethoden nicht aus. Bei der Spaltung der Butter entstehen aber außer Glycerin und Buttersäure noch weitere organische Säuren (Stearinsäure, Palmitinsäure usw.).

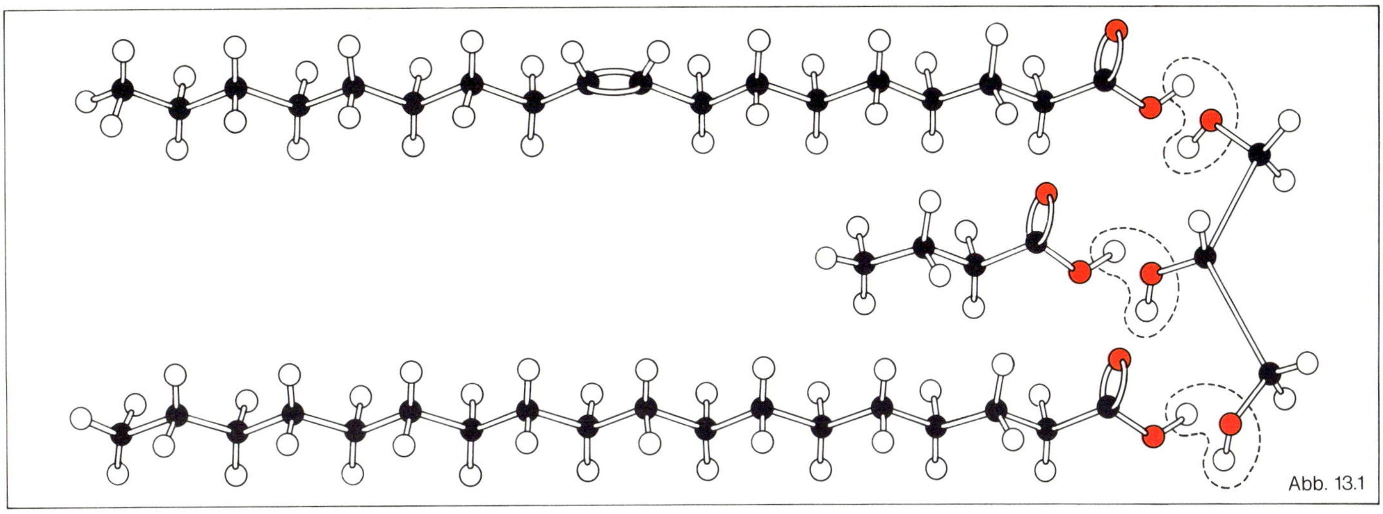

Abb. 13.1

Wortgleichung: Fett + Wasser → Glycerin + Fettsäuren

Wenn wir diese Reaktionsgleichung von rechts nach links lesen, können wir sagen, daß sich die Fette aus Glycerin und Fettsäuren unter Austritt von Wasser aufbauen (Abb. 13.1).

Wortgleichung: ....

....

Abb. 13.1 zeigt, wie sich drei verschiedene Fettsäuren mit einem Glycerinmolekül zu einem Fettmolekül verbinden. Es lagern sich hierbei die H-Atome der COOH-Gruppen der drei Fettsäuremoleküle mit den drei OH-Gruppen des Glycerinmoleküls unter Austritt von Wasser zusammen. In seltenen Fällen können sich auch drei gleiche Fettsäuren mit Glycerin verbinden.

Aufgaben

1. Nenne zwei der in Abb. 13.1 am Aufbau des Fettmoleküls beteiligten Fettsäuren (→ 4. Organische Säuren, S. 9).
2. a) Worin unterscheidet sich die erste Fettsäure (Ölsäure) in Abb. 13.1 von der zweiten und der dritten?
   b) Stelle die Strukturformel für die erste Fettsäure auf.
3. Versuche, aus Lexika und Büchern etwas über ungesättigte Fettsäuren zu erfahren.

5.6. Die physikalischen Eigenschaften der Fette

Welche Erfahrungen im Umgang mit Fetten hast du schon gemacht? Berichte darüber. Vielleicht lassen sich einige deiner Erfahrungen durch entsprechende Versuche überprüfen.

Versuch 17: Gib in ein Reagenzglas 4 ml Wasser und setze 1 ml Speiseöl oder etwas Butter hinzu. Schüttle kräftig!

....

....

....

....

....

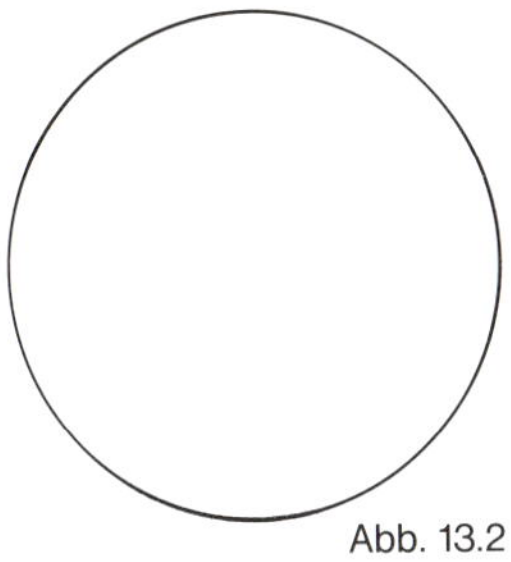

Abb. 13.2

Versuch 18: Gib in ein Reagenzglas 4 ml Seifenlösung und setze 1 ml Speiseöl oder etwas Butter hinzu. Schüttle kräftig und beobachte längere Zeit hindurch. Betrachte einen Tropfen dieser Flüssigkeit auch unter dem Mikroskop bei etwa 150facher Vergrößerung. Zeichne das mikroskopische Bild ab (Abb. 13.2). Welches der mikroskopischen Bilder in Abb. 32.3-6 entspricht etwa deiner Zeichnung?

....

....

Erklärung: Wenn zwei gegenseitig nicht lösliche Flüssigkeiten, wie z. B. Seifenlösung und Fett oder Wasser und Öl, durch Schütteln stark miteinander vermischt werden, so entsteht eine **Emulsion.** Dabei ist die eine Flüssigkeit in Form kleinster Teilchen in der anderen verteilt. Eine Fett-in-Wasser-Emulsion entmischt sich

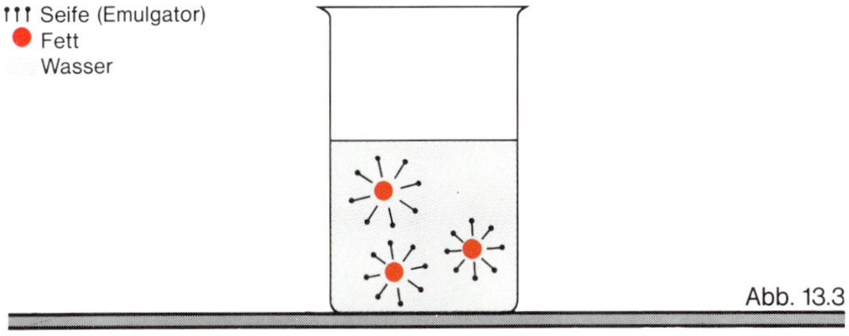

Abb. 13.3

sehr schnell. Eine Fett-in-Seifenlösung-Emulsion bleibt lange stabil. Die feinen Fetttröpfchen werden von der Seife umschlossen und im Wasser in der Schwebe gehalten (dispergiert) (Abb. 13.3). Ein Stoff, der eine Emulsion auf diese Weise stabil hält, wird als **Emulgator** bezeichnet.

Versuch 19: Gib in drei Reagenzgläser je 1 ml Speiseöl und gieße 4 ml Benzin, Benzol und Tetrachlorkohlenstoff dazu. (Beachte Abb. 13.4.) Beobachte die Flüssigkeiten nach dem Schütteln und betrachte einen Tropfen auch unter dem Mikroskop (Abb. 13.5).

Abb. 13.5

Abb. 13.4

....

....

....

Wenn du einen Tropfen der Fettlösung unter dem Mikroskop betrachtest, kannst du nicht sehen, daß er Fett enthält. Wie kannst du das Fett trotzdem nachweisen? Schreibe den Versuch auf.

Versuch 20: ....

....

....

....

....

....

Zusammenfassung (Abb. 14.1):

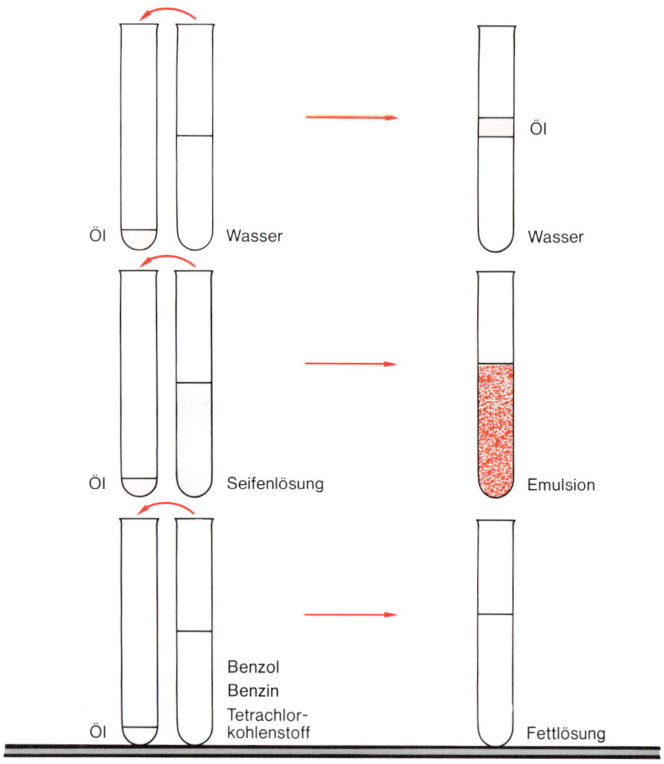

Abb. 14.1

Überlege, wie du aus einer Fettlösung das gesamte Fett wiedergewinnen kannst.

Versuch 21: Die Fettlösung aus Versuch 19 gibst du in ein Porzellanschälchen und läßt es ein paar Stunden offen stehen.

....

....

Erklärung: Das Lösungsmittel hat einen niedrigeren Siedepunkt als das Öl.

Im Versuch 21 hast du zwar das Fett gewonnen, aber das Lösungsmittel ging durch das Verdunsten verloren. Ist es möglich, diesen Verlust zu vermeiden? – Schlage einen Versuch vor und fertige eine entsprechende Zeichnung an.

Versuch 22: ....

....

....

....

....

....

5.7. Warum man brennende Fette nicht mit Wasser löscht

Früher geschah es häufig, daß ein fetter Braten in der Pfanne Feuer fing. Nicht selten wurde dabei die Hausfrau so kopflos, daß sie die brennende Pfanne unter dem Wasserhahn mit Wasser zu löschen versuchte. Was dann geschah, kann sich jeder ausmalen. Zischend spritzte das Fett aus der Pfanne heraus; schwer heilende Brandwunden waren die Folge.

Wie können wir uns diese heftige Reaktion erklären? Siedendes Fett oder Öl hat eine Temperatur von ca. 300 °C. Wenn man Wasser zum heißen Fett gibt, sinkt es schnell unter das leichtere Fett. Durch die hohe Temperatur des Fettes wird das Wasser schlagartig zu Wasserdampf, der das Fett emporschleudert.

Aufgabe
Welche sinnvolle Hilfe kannst du bei brennendem Öl anbieten? Fasse deine Überlegungen in kurzen Sätzen zusammen.

5.8. Wie tierische Fette gewonnen werden

Schmalz, Rindertalg und Butter werden auf unterschiedliche Weise gewonnen.

Speck und Flomen enthalten sehr viel Fett, das man daraus durch „Auslassen" gewinnen kann.

Versuch 23: Wir füllen zerkleinerte Schweineflomen oder fetten Speck in ein Becherglas und erhitzen. Das flüssige Fett geben wir durch ein Sieb und lassen es erkalten.

....

....

Du hast sicher schon auf Milchtüten gelesen, wieviel Fett die Milch enthält. Milchfett wird in den Molkereien zu Butter verarbeitet. Wir wollen versuchen, selbst Butter herzustellen.

Versuch 24: Fülle 3 ml Sahne in ein Reagenzglas, füge 3 ml Wasser hinzu und schüttle kräftig.

....

....

....

Aufgabe
Lies den Abschnitt über die Gewinnung von Butter (→ S. 28) und berichte darüber.

5.9. Wie pflanzliche Fette gewonnen werden

Fast alle Samenpflanzen speichern in ihren Samen Fett. Überlege dir einen einfachen Versuch, der zeigt, daß Walnuß-, Haselnuß- oder Erdnußkerne Fett enthalten.

Versuch 25: ....

....

Dehne deine Untersuchungen auch auf Kümmel oder Anis, Fenchel und Senf aus.

....

....

....

Untersuche ebenso Maiskörner, Sonnenblumenkerne, Leinsamen, Bucheckern, Mohn, Raps, Hanf, Kürbissamen und Obstkerne.

....

....

....

Pflanzen mit ölhaltigen Früchten oder Samen (Früchte der Ölpalme, Kokosnüsse, Erdnüsse, Sojabohnen, Samen der Baumwolle, Sonnenblumenkerne) reifen in den tropischen und subtropischen Gebieten der Erde das ganze Jahr hindurch. Sie stehen uns also zu jeder Zeit zur Verfügung.

Wie lassen sich aus diesen Früchten und Samen Öle gewinnen? Plane hierzu einen Versuch und führe ihn durch.

Versuch 26: ....

....

Suche bei einem eventuell negativen Ergebnis nach einer Erklärung und notiere sie.

....

....

....

Abb. 15.1

Solltest du nicht sofort eine Erklärung finden, so betrachte Abb. 15.1 und lies anschließend den folgenden Abschnitt.

Durch Zerquetschen und Pressen der Früchte und Samen läßt sich das Öl gewinnen. Dieses Verfahren war schon in vor- und frühgeschichtlicher Zeit bekannt. In Keilpressen wurden Früchte und Samen durch Einschlagen von Holzkeilen wachsendem Druck ausgesetzt. Auf diese veraltete Methode geht der Ausdruck „Ölschlagen" zurück. Im Mittelmeerraum werden heute noch verschiedentlich die Oliven in Ölmühlen verarbeitet, die mit ähnlich einfachen Geräten ausgerüstet sind, wie es Abb. 15.1 (Kupferstich um 1580) zeigt. Die Abbildung läßt verschiedene Arbeitsgeräte erkennen. Nach der Reinigung wurden die Oliven in einer großen Steinwanne mit Hilfe eines Steinrades zerquetscht (Kollergang). Der entstandene Brei wurde in siebartige Gewebe eingehüllt und zwischen zwei Platten aus Stein oder Metall (Spindelpresse) ausgepreßt. Um aus dem Ölbrei noch weiteres Öl zu gewinnen, wurde er vor dem zweiten Preßgang in einem Kessel über dem Feuer erwärmt und während des Pressens mit heißem Wasser übergossen. Das auslaufende Öl enthielt noch Verunreinigungen. Es mußte geseiht und in großen Gefäßen abgelagert werden. Erst dann wurde es in Fässer gefüllt und in den Handel gebracht.

5.10. Ölgewinnung

Zu jeder Jahreszeit transportieren Schiffe Ölfrüchte und Ölsaaten aus tropischen und subtropischen Ländern zu den Ölmühlen (Abb. 15.2). Die wichtigsten Standorte der deutschen Ölmühlenindustrie sind die Hafenstädte der Nordsee und die an Wasserstraßen liegenden Industriestädte, wie z. B. Hamburg und Mannheim.

Der Abb. 15.3 kann man entnehmen, auf welche Weise Speiseöl gewonnen wird. Die in den Silos (1) der Ölmühlen lagernden Ölsaaten werden in Brechern (2) und Walzenstühlen (3) zerkleinert und zerquetscht. Dadurch werden die Gewebe der Zellen zerris-

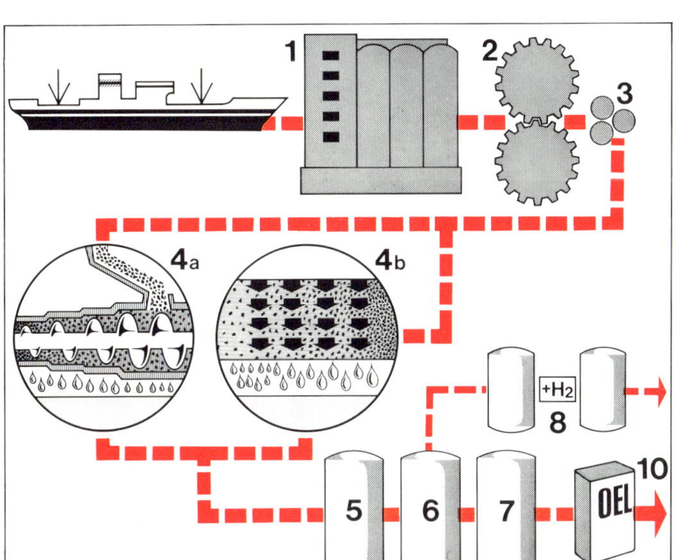

Abb. 15.3

Abb. 15.2

sen, die das Öl enthalten. Gleichzeitig erhält das Mahlgut eine größere Oberfläche. Nach dieser Vorbehandlung wird das Öl durch Pressen (4a) oder Extrahieren (4b) gewonnen.

Das Pressen, ein rein mechanischer Vorgang, geschieht mit Hilfe von Schneckenpressen. Bei der Extraktion (4b) wird das Öl dem Saatgut durch ein Lösungsmittel entzogen. Das Rohöl wird anschließend durch Entsäuern, Bleichen und Dämpfen geschmacklich und geruchlich neutralisiert. Das geschieht in den Behältern 5, 6 und 7. Diese Aufbereitung wird als Raffination bezeichnet. Nach diesem Prozeß kann das raffinierte Öl als Speiseöl (9) oder als Rohstoff für die Margarineherstellung (10) verwendet werden. Ein Teil des hierfür verwendeten Öls wird durch Anlagerung von Wasserstoff gehärtet (8).

5.11. Die selbstgemachte Margarine

Margarine wird heute in großen Mengen in Fabriken hergestellt. Es ist jedoch nicht schwer, sie in kleinen Mengen auch zu Hause zu bereiten, wenn man die richtigen Zutaten hat. Wir wollen es im nächsten Versuch einmal ausprobieren.

Versuch 27: Gib in ein 100-ml-Becherglas 15 g Palmin und bringe das Fett über einer kleinen Flamme zum Schmelzen. Füge nun folgende Zutaten hinzu: 1 Eßlöffel (10 g) Olivenöl bzw. Speiseöl, 1 Teelöffel Milch, 1 Teelöffel frisches Eidotter. Darauf füllst du eine Plastikschale mit kaltem Wasser (besser: Eiswasser), stellst das Becherglas hinein und rührst die Mischung so lange mit einem Glasstab, bis sie steif geworden ist. Prüfe danach den Geschmack der selbstgemachten Margarine und probiere die Streichfähigkeit auf einer Brotschnitte aus.

Der Geschmack der Margarine läßt sich von dem der Butter kaum unterscheiden. Deshalb ist gesetzlich vorgeschrieben, daß der Margarine eine Spur Stärke (0,2 %) zugesetzt wird. Dadurch ist es möglich, Butter und Margarine voneinander zu unterscheiden.

Versuch 28: Gib in ein Reagenzglas ein haselnußgroßes Stück Butter, in ein anderes die gleiche Menge Margarine, und dazu jeweils 4 ml Wasser. Beide Reagenzgläser werden im Wasserbad bis zum Sieden erhitzt. Nach dem Abkühlen setzt sich das Fett an der Oberfläche der Flüssigkeiten ab. Dann füllst du eine Pipette mit Jodlösung (etwa 1 ml) und gibst sie unter der Fettschicht in die Flüssigkeit (Abb. 15.4).

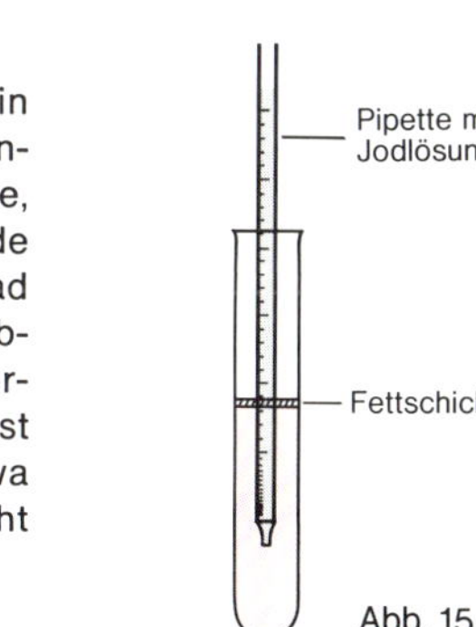

Abb. 15.4

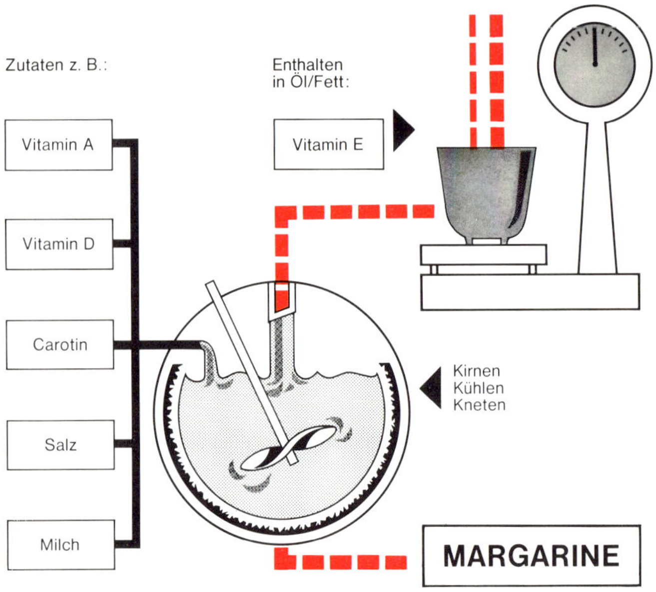

Abb. 16.1

Abb. 16.2

5.12. Herstellung der Margarine

Im Margarinewerk werden verschiedene Pflanzenöle und -fette zusammengestellt und mit Zutaten vermischt (Abb. 16.1). Die Zutaten bestehen aus entrahmter Frischmilch oder Wasser, den Vitaminen A und D sowie etwas Salz. Unter Luftabschluß wird diese Mischung gerührt, gekühlt und geknetet. Das geschieht in modernen Maschinen, den sogenannten Schnellkühlern (Abb. 16.2). Aus den Vorratsbehältern fließen die fetthaltigen Bestandteile und die Zutaten über eine Dosieranlage im Verhältnis 1:4 durch Rohre zu den Schnellkühlern. Zwei Schaugläser lassen links die zufließenden Fette und rechts die nicht fetthaltigen Bestandteile erkennen. Sie bilden durch innige Vermischung bei niedriger Temperatur eine Emulsion, die an den Wänden des Schnellkühlzylinders erstarrt und durch Schabemesser einer rotierenden Welle abgehoben und geknetet wird. Das Emulgieren und Kneten geschieht in einem Arbeitsgang. Nachdem die Margarine so die gewünschte Streichfähigkeit erhalten hat, gelangt sie durch Rohre zu den Verpackungsautomaten.

Denke nach!

1. Wie kannst du feststellen, ob Haarwasser, Gesichtswasser usw. Fett enthalten?
2. Nenne den Unterschied zwischen fettem und ätherischem Öl.
3. Was versteht man unter den Begriffen „Emulsion" und „Emulgator"?
4. Auf welche Weise können Ölbrände gelöscht werden?

5.13. Was wir uns merken wollen

1. Woher erhalten die Pflanzen ihre Nahrung?

....

....

2. Das Fett besteht aus den Elementen ....

....

3. Was kannst du aus Abb. 16.3 ablesen?

....

....

....

....

4. Wie verhält sich Fett in verschiedenen Flüssigkeiten:

① **in Wasser:** ....

② **in Seifenlösung:** ....

③ **in Benzin:** ....

5. Wie werden ① tierische und ② pflanzliche Fette gewonnen (Abb. 16.4)?

① ....

....

② ....

....

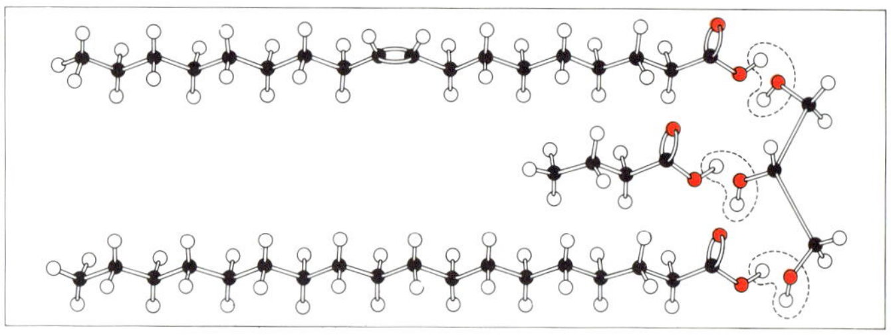

Abb. 16.3

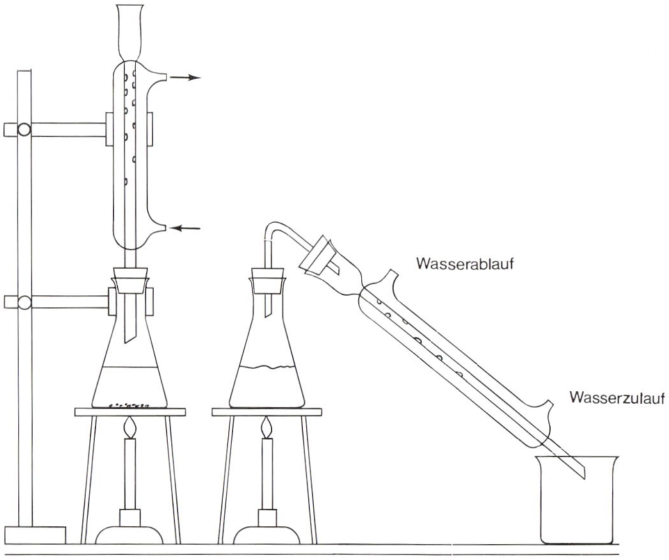

Abb. 16.4

6. Eiweiß

6.1. Ohne Eiweiß kein Leben

Alle Lebensvorgänge sind an Eiweiß gebunden. Das gilt nicht nur für das menschliche und tierische Leben, sondern auch für das pflanzliche. Die Eiweißstoffe werden auch Proteine genannt. Das Wort *proton* kommt aus dem Griechischen und heißt so viel wie *das Erste* oder *das Wichtigste.* Diese Bezeichnung läßt erkennen, welche Bedeutung die Eiweißstoffe für alle Lebensvorgänge haben.

Das Eiweiß dient dem Organismus nicht nur zur Energiegewinnung, wie die Fette und Kohlenhydrate, sondern hauptsächlich als Aufbaustoff. Es dient der ständigen und regelmäßigen Erneuerung der Zellen und Gewebe, die dadurch funktionstüchtig gehalten werden. Während die meisten Pflanzen in der Lage sind, aus einfachen organischen Verbindungen Eiweiß aufzubauen, ist das den Menschen und Tieren nicht möglich. Sie müssen tierisches oder pflanzliches Eiweiß aufnehmen.

Die bekannteste Form von Eiweiß ist sicherlich das Eiklar im Hühnerei. Es besteht in der Hauptsache aus dem Eiweißstoff Albumin. Da es am einfachsten zu beschaffen ist, wollen wir an ihm die charakteristischen Eigenschaften aller Eiweißstoffe kennenlernen.

Versuch 29: Schlage ein Ei auf, trenne das Eiklar vom Dotter und gib es in eine Schale. Nach kurzem Schlagen mit einer Gabel mischst du in einem Reagenzglas 5 ml des geschlagenen Eiklars mit 5 ml Wasser. Was kannst du beobachten, wenn der Inhalt langsam erwärmt wird?

....

....

Diesen Vorgang bezeichnet man als **Koagulation.** Koaguliertes Eiweiß ist tot. Die Giftwirkung vieler Metallsalze (z. B. Kupfersulfat) auf den menschlichen Körper beruht ebenfalls auf einer Koagulation von bestimmten Eiweißstoffen.

Versuch 30: Wieder gibst du 5 ml Eiklar in 5 ml Wasser und fügst einige ml einer 1–2%igen Kupfersulfatlösung zu. Was beobachtest du?

....

....

....

6.2. Aufbau der Eiweißstoffe

Bevor wir die Bausteine des Eiweißes kennenlernen, wollen wir uns mit seinen Elementen beschäftigen.

Versuch 31: Trockne etwas Eiklar, indem du es in einer Porzellanschale über der Flamme vorsichtig hin und her schwenkst. Du kannst dir sicher denken, warum es wasserfrei sein muß. Von dem getrockneten Eiklar gibst du etwa 1 cm³ in ein Reagenzglas und erhitzt. Betrachte nicht nur das Eiklar genau, sondern auch das Reagenzglas.

....

....

....

Nun erhitzt du stärker und fächelst dir die aufsteigenden Dämpfe zu. Prüfe sie auch mit angefeuchtetem rotem Lackmuspapier an der Reagenzglasöffnung.

....

....

Die flüchtige Lauge kann nur Ammoniak sein, das aus Stickstoff und Wasserstoff besteht. Mit Salzsäure am Glasstab läßt sich das Ammoniak nachweisen (weiße Nebel).

Betrachte auch den Rückstand im Reagenzglas. Kannst du nun sagen, aus welchen Elementen das Eiweiß besteht?

....

....

Außerdem enthalten manche Eiweißstoffe noch Schwefel.

Alle Eiweißstoffe (Proteine) bauen sich aus den sogenannten Aminosäuren auf. Man kann sich die Aminosäuren aus einer Alkansäure, z. B. Äthansäure, entstanden denken, indem ein H-Atom durch eine **NH_2-Gruppe** ersetzt (Abb. 17.1 u. 2) wird.

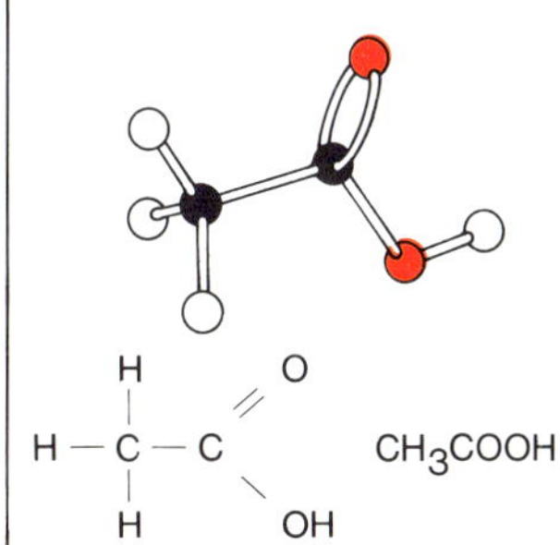

Äthansäure (Essigsäure)

Abb. 17.1

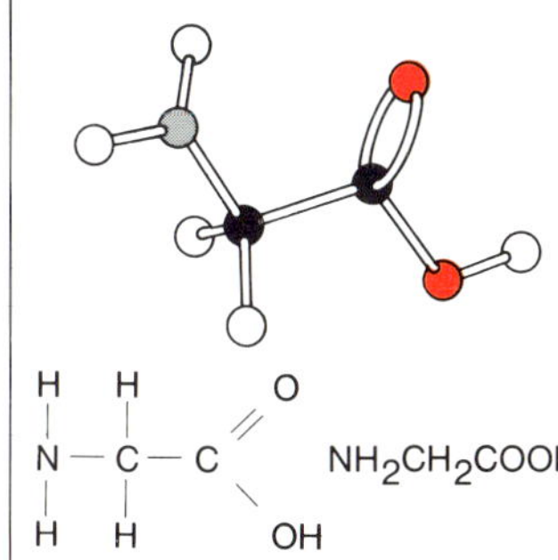

Glycin

Abb. 17.2

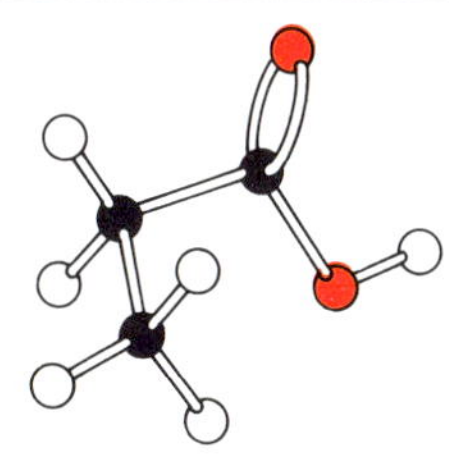

Propansäure

Abb. 17.3

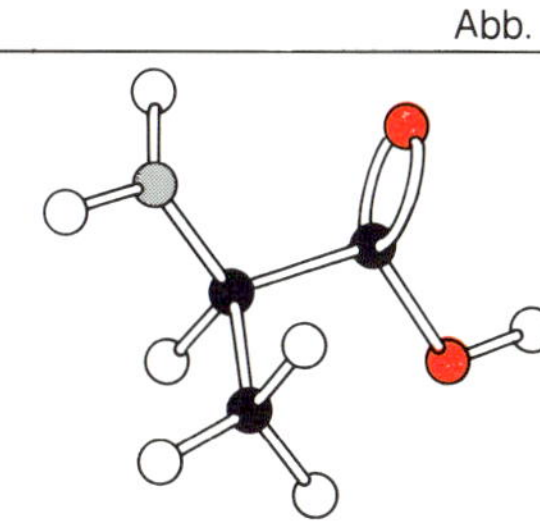

Alanin

Abb. 17.4

Aufgaben

1. Baue zunächst das Kugelmodell eines Äthansäuremoleküls auf und ersetze ein H-Atom, das direkt an ein C-Atom gebunden ist, durch eine NH_2-Gruppe. Auf diese Weise wird aus der Äthansäure die Aminosäure Glycin (Aminoessigsäure) entwikkelt. Vergleiche anschließend mit Abb. 17.1 u. 2.
2. Entsprechend Aufgabe 1 soll aus dem Propansäuremolekül die Aminosäure Alanin aufgebaut werden. Die NH_2-Gruppe befindet sich an dem der COOH-Gruppe benachbarten C-Atom. Vergleiche anschließend mit Abb. 17.3 u. 4.
3. Schreibe die Strukturformel für die Propansäure auf und entwickle daraus die Strukturformel der Aminosäure Alanin. Trage sie unter Abb. 17.3 u. 4 ein.

Glycin und Alanin sind die einfachsten Aminosäuren. In den abgebildeten Molekülmodellen sind die COOH-Gruppe und die NH_2-Gruppe (Aminogruppe) deutlich zu erkennen (Abb. 17.2 u. 4). Wie aus den Aminosäuren ein Eiweißmolekül (Protein) entsteht, soll am Beispiel von zwei einfachen Aminosäuren durch Molekülmodelle gezeigt werden. Die Zusammenlagerung geschieht dadurch, daß die COOH-Gruppe des einen Moleküls mit der NH_2-Gruppe des andern reagiert unter Austritt von einem Molekül Wasser (Abb. 17.5).

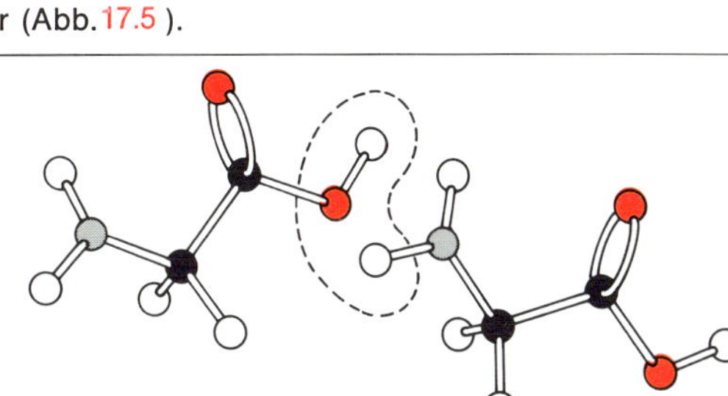

Abb. 17.5

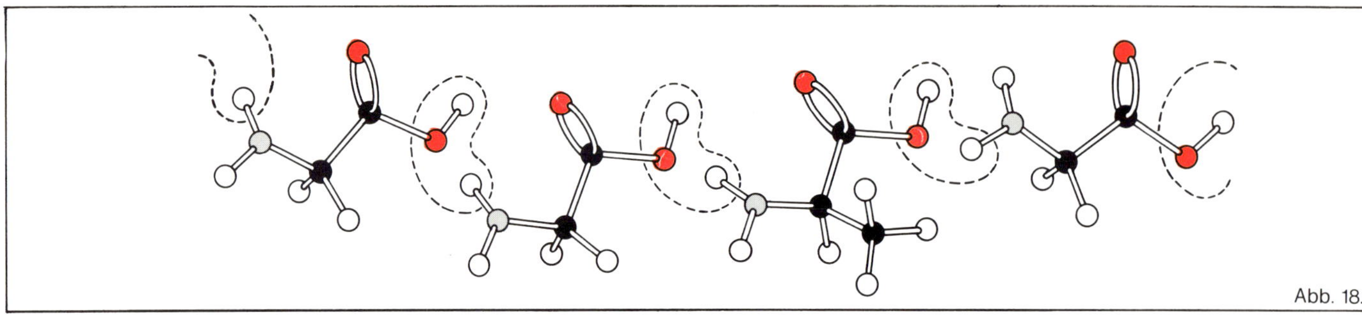

Abb. 18.1

Bei der Verbindung zweier Aminosäuren entsteht ein Peptid, genauer ein Dipeptid, bei 10 bis ca. 100 Aminosäuren ein Polypeptid. Die Polypeptide leiten dann zu den Eiweißstoffen (Proteinen) über. Die Proteine sind Riesenmoleküle (Makromoleküle).

In den meisten Fällen entstehen die Proteine nicht aus gleichen Aminosäuren, sondern aus verschiedenen. Abb. 18.1 zeigt einen Ausschnitt aus einer solchen Kette. Hier folgt auf zwei Glycinmoleküle ein Alaninmolekül und darauf wieder ein Glycinmolekül. Der Chemiker würde diesen Ausschnitt der Kette in Kurzzeichen so angeben: · Gly · Gly · Ala · Gly ·

Die Eiweißstoffe unserer Nahrung sind aus etwa 20 verschiedenen Aminosäuren aufgebaut, die für unsere Ernährung wichtig sind. Da sie alle verschiedenartig miteinander verknüpft sein können, ist es unvorstellbar, wie viele unterschiedliche Eiweißstoffe es demnach gibt: Es sind ca. 100 000 Millionen!

Aufgaben

1. Baue zwei Glycinmoleküle und versuche, beide zu einem Dipeptid zu verbinden. Dabei wird ein Molekül Wasser frei. Benutze als Vorlage die Abb. 17.5 .
2. Alle Gruppen versuchen gemeinsam, ihre gebauten Aminosäuremoleküle (Glycin, Alanin) zu einem Polypeptid zu verbinden.

6.3. Eiweißmoleküle werden sichtbar

Eiweißmoleküle sind zwar sehr groß, sie gehen aber doch durch gewöhnliches Filterpapier hindurch; dagegen nicht durch Pergament[1]. Anders ist es mit den Zuckermolekülen. Sie sind so klein, daß sie sogar durch die winzigen Öffnungen des Pergaments hindurchgehen. Von der Molekülgröße des Eieralbumins und des Traubenzuckers kannst du dir eine Vorstellung machen, wenn du dir Abb. 18.2 ansiehst, in der beide Moleküle in gleichem Maßstab dargestellt sind.

Die großen Albuminmoleküle lassen sich in einem Versuch sichtbar machen.

Abb. 18.2

Versuch 32: Löse in einem viereckigen Glasgefäß (evtl. auch Sechseckglas mit zwei parallelen Seiten) ein wenig Traubenzucker auf. Du erhältst eine Zuckerlösung. In ein zweites, gleiches Gefäß gibst du etwas schaumig geschlagenes Eiklar zu der gleichen Menge Wasser und rührst gut um. Nun bildest du um eine Taschenlampe einen Kegel aus schwarzem Papier und richtest bei verdunkeltem Zimmer von der Spitze des Kegels aus einen Lichtstrahl so auf die hintereinanderstehenden Gläser, daß er gleichzeitig durch beide Flüssigkeiten hindurchgeht, und zwar zuerst durch die Zuckerlösung (Abb. 18.3).

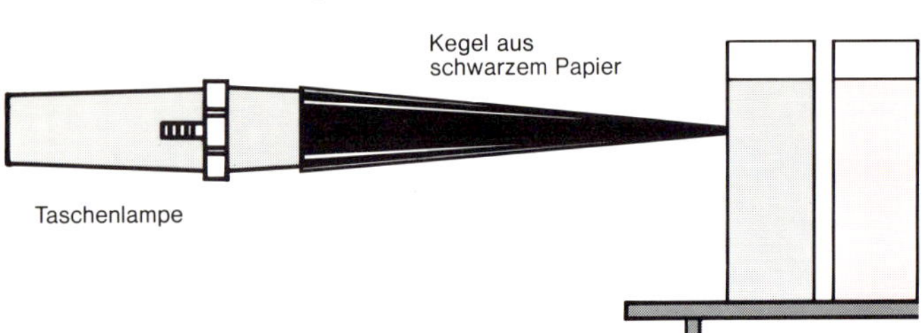

Abb. 18.3

[1] Pergament: Schreibmaterial aus enthaarten, geglätteten und getrockneten Tierhäuten.

....

....

....

Erklärung: Die Eiweißmoleküle sind wesentlich größer als die Zuckermoleküle. Wenn die großen Moleküle vom Lichtstrahl getroffen werden, streuen sie das Licht gleichmäßig in alle Richtungen. Ein Teil dieses zerstreuten Lichtes trifft unser Auge und wird dadurch sichtbar. Dagegen sind die Zuckermoleküle so klein, daß sie das Licht nicht streuen können. Man könnte die Eiweißmoleküle im Wasser mit winzigen Staubteilchen vergleichen, die unsichtbar in der Luft schweben und erst sichtbar werden, wenn sie ein Sonnenstrahl trifft.

6.4. Wir weisen Eiweiß nach

Damit wir einige Nahrungsmittel auf Eiweiß untersuchen können, benötigen wir eine Nachweisreaktion. Da der folgende Versuch nicht ganz ungefährlich ist, sollte er nur vom Lehrer gezeigt werden.

Versuch 33 (LV)**:** In ein Reagenzglas geben wir etwas Hühnereiklar und übergießen es vorsichtig mit 1–2 ml konzentrierter Salpetersäure. Anschließend wird etwas erwärmt (Abb. 18.4).

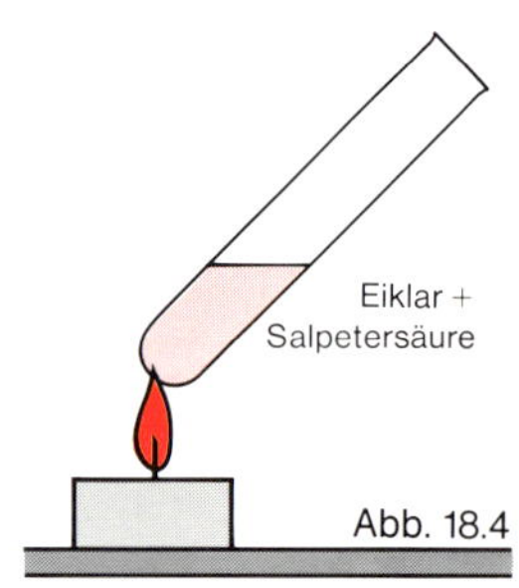

Abb. 18.4

....

....

Die auftretende Trübung ist kennzeichnend für alle Eiweißarten, also nicht nur für das Eiereiweiß. Empfindlicher als der Nachweis mit Salpetersäure ist der Nachweis mit Kupfersulfatlösung und Natronlauge.

Versuch 34: Gib in ein Reagenzglas ein wenig Eiklar mit Wasser. Dazu kommen einige Tropfen 1–2%ige Kupfersulfatlösung und 1–2 ml konzentrierte Natronlauge (Abb. 18.5). Wie ändert sich die Farbe der Lösung?

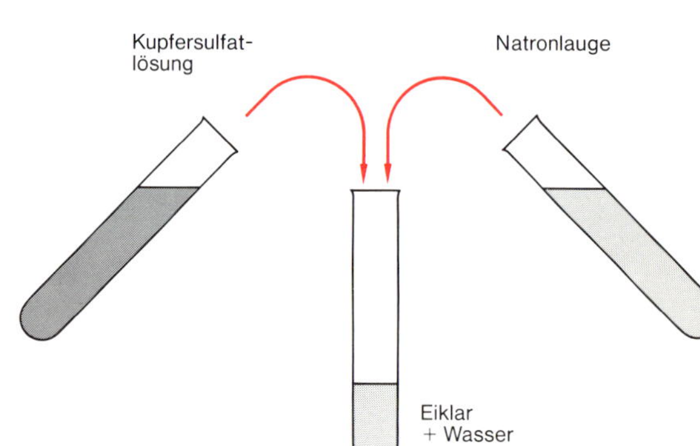

Abb. 18.5

....

Mit diesen beiden Reaktionen läßt sich in einigen Lebensmitteln Eiweiß nachweisen. Zunächst wollen wir ein Stückchen Fleisch untersuchen. Auch diesen Versuch sollte der Lehrer durchführen.

Versuch 35 (LV): Wir kochen ein kleines Stückchen mageres Fleisch mit 1–2 ml konzentrierter Salpetersäure.

....

....

Aus diesem Ergebnis können wir ableiten, daß Salpetersäure möglichst nicht auf die Haut kommen sollte. Es entsteht sonst die gleiche Gelbfärbung, die selbst nach Tagen nicht verschwindet.

Mit Kupfersulfatlösung und Natronlauge kannst du das Eiweiß im Fleisch nachweisen.

Versuch 36: Zerschneide ein wenig rohes, mageres Fleisch und gib es in ein Reagenzglas mit etwas Wasser. Nachdem du tüchtig geschüttelt hast, verteilst du die klare Flüssigkeit auf zwei Reagenzgläser. Eine Probe prüfe auf Eiweiß (→ Versuch 34), die andere wird vorsichtig erhitzt.

....

....

....

....

Kartoffeln bestehen in der Hauptsache aus Stärke. Der Tabelle über die Zusammensetzung der Nahrungsmittel (→ S. 32) kannst du entnehmen, daß sie auch etwas Eiweiß enthalten. Mit Hilfe der empfindlichen Nachweisreaktion müßte sich das feststellen lassen.

Versuch 37: Bearbeite eine Kartoffel so, als wolltest du Stärke daraus gewinnen (→ S. 23). Gieße die Flüssigkeit, die sich über dem Bodensatz (Stärke) bildet, nicht weg, sondern fülle damit zwei Reagenzgläser jeweils bis zur Hälfte. Ein Reagenzglas stellen wir zunächst zurück. Gib nun zu der Flüssigkeit im anderen Reagenzglas ½ Teelöffel Essig und erhitze, damit sich das Eiweiß löst. Dann prüfst du mit Kupfersulfatlösung und Natronlauge auf Eiweiß.

....

....

Eine Beobachtung, die wir schon beim Eiereiweiß gemacht haben, zeigt sich auch beim pflanzlichen Eiweiß: Erhitze die Flüssigkeit in dem zurückgestellten Reagenzglas und beobachte.

....

Denke nach!

1. Verbrannte Haare haben einen eigenartigen Geruch. Was läßt sich daraus schließen?
2. Wollfäden und Baumwollfäden lassen sich durch die Brennprobe voneinander unterscheiden.
3. Das Eiweiß dient dem Organismus als Aufbaustoff. Was bedeutet das?
4. Wenn Hefe ein lebender Stoff ist, dann müßte sie hauptsächlich aus Eiweiß bestehen. Wie kannst du das prüfen?

6.5. Was wir uns merken wollen

1. Aus welchen Elementen besteht Eiweiß?

....

....

2. Welche Bausteine lagern sich zu Eiweißmolekülen zusammen (Abb. 19.1 u. 2)?

....

....

....

3. Was kannst du über die Bildung des Eiweißmoleküls sagen (Abb. 19.3)?

....

....

....

....

....

....

4. Wie läßt sich Eiweiß nachweisen (Abb. 19.4 u. 5)?

① ....

....

② ....

....

5. Welche Eigenschaften von Eiweiß werden beim Erhitzen deutlich?

....

....

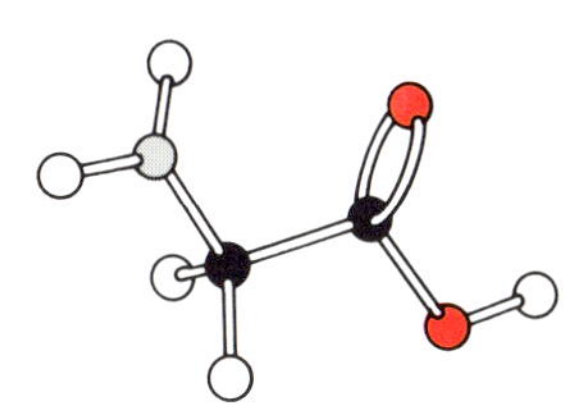

Abb. 19.1

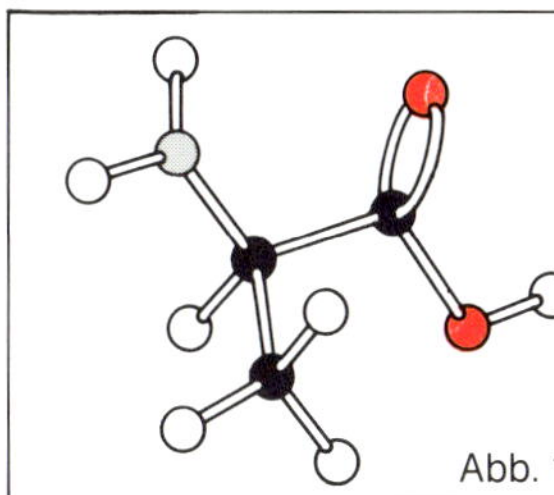

Abb. 19.2

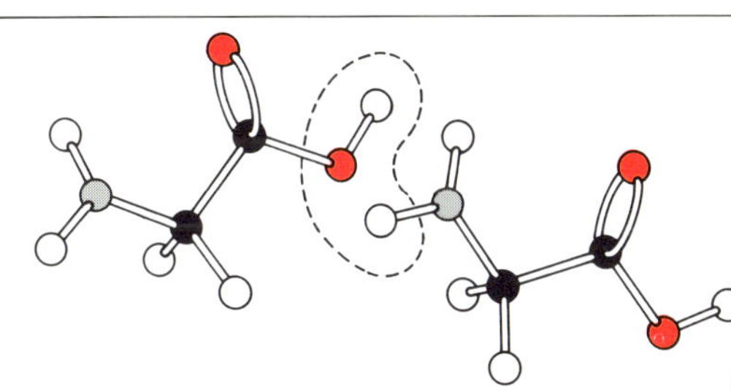

Abb. 19.3

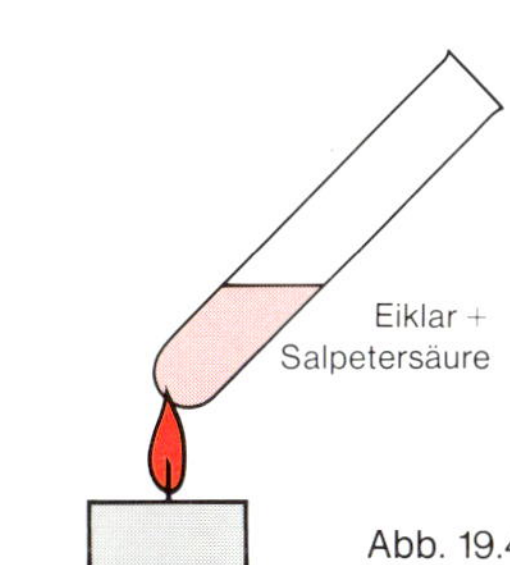

Abb. 19.4

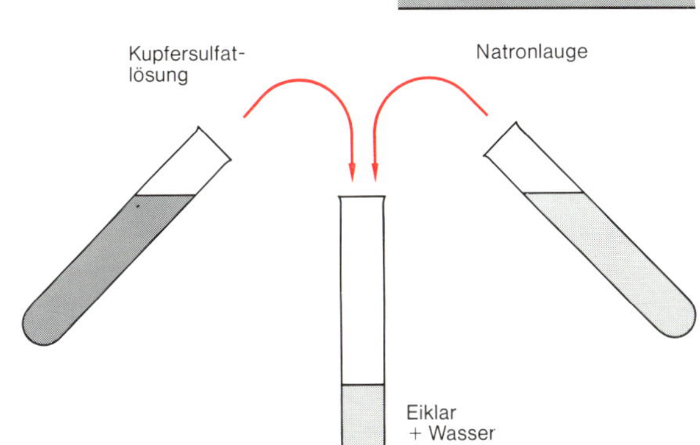

Abb. 19.5

7. Zucker

7.1. Die Bestandteile des Zuckers

Zu den wichtigsten Nährstoffen gehört der Zucker. Eigentlich müßte man von Zuckern sprechen, denn es gibt mehrere Arten von Zucker: **Traubenzucker, Fruchtzucker, Rohrzucker, Malzzucker, Milchzucker.** Charakteristisch ist ihr mehr oder weniger süßer Geschmack. Der uns bekannte Rübenzucker, der aus den Zuckerrüben gewonnen wird, hat den gleichen chemischen Aufbau wie der Rohrzucker aus dem Zuckerrohr. Wenn wir also vom Rohrzucker sprechen, gilt dasselbe auch für den Rübenzucker.

Lies noch einmal den Abschnitt 5.1. auf S. 11. Du hast erfahren, welche Stoffe die Pflanze zum Aufbau des Zuckers braucht. Daraus kannst du ableiten, aus welchen Elementen der Zucker besteht. Die Vermutungen sollen im nächsten Versuch geprüft werden.

Versuch 38: Erhitze einen halben Spatel Zucker in einem Reagenzglas. Betrachte das Glas in der Nähe seiner Öffnung.

....

....

Erhitze den Zucker im Reagenzglas stärker.

....

....

Abb. 20.1

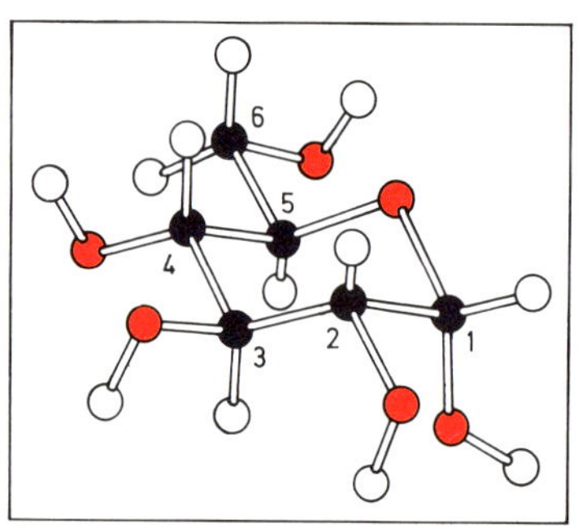

Abb. 20.2

Alle Zucker bestehen aus den gleichen Elementen. Ihr Molekülaufbau ist jedoch unterschiedlich. Abb. 20.1 zeigt das Kalottenmodell eines Traubenzuckermoleküls, Abb. 20.2 das Kugelmodell des gleichen Moleküls. Das Grundgerüst ist ein Sechserring, der aus 5 C-Atomen und einem O-Atom besteht. An dem Ring befinden sich vier OH-Gruppen, 5 H-Atome und ein weiteres C-Atom, das nochmals eine OH-Gruppe und zwei H-Atome besitzt.

Abb. 20.3 zeigt das Modell eines Fruchtzuckermoleküls. Grundgerüst ist hier ein Fünferring aus 4 C-Atomen und einem O-Atom.

Aufgaben

1. Bestimme die Summenformel von Trauben- und Fruchtzucker nach den Abb. 20.2 u. 3.
2. Baue das Traubenzuckermolekül nach Abb. 20.2 auf. Beachte dabei folgende Anweisungen:
   a) Verbinde die Kohlenstoffatome 1–5 zu einem offenen Ring.
   b) Schließe den Ring durch Einsetzen eines O-Atoms.
   c) Bringe den Ring in die Sesselform (Abb. 20.4).
   d) Setze an das 5. C-Atom das 6. an.
   e) Ergänze am 1., 2., 3., 4. und 6. C-Atom jeweils eine OH-Gruppe, beachte dabei die in der Abbildung angegebene Richtung.
   f) Besetze alle noch freien Bindemöglichkeiten mit H-Atomen.

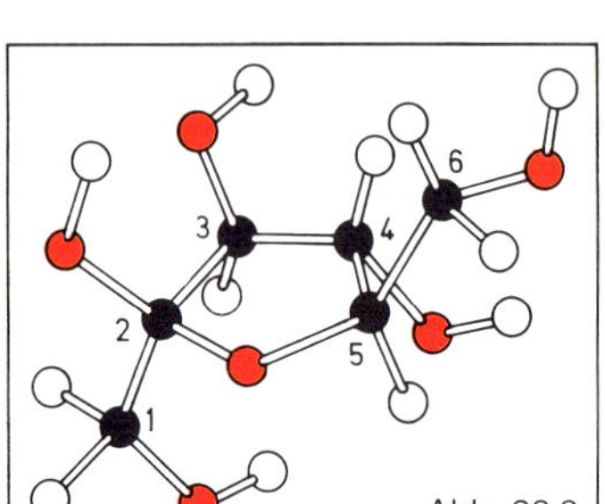

Abb. 20.3

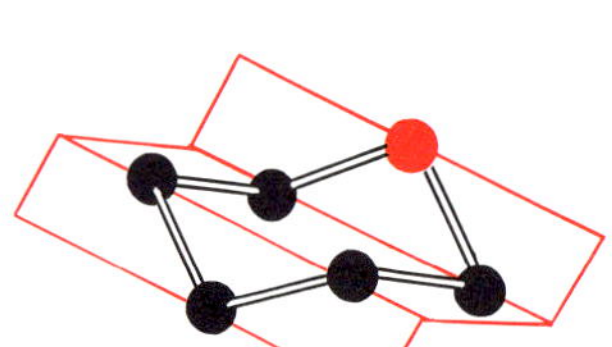

Abb. 20.4

3. Baue das Fruchtzuckermolekül nach Abb. 20.3 auf. Verbinde die Kohlenstoffatome 2 bis 5 und ein O-Atom zu einem ebenen Ring. Füge an das 2. und 5. Kohlenstoffatom das 1. bzw. 6. Kohlenstoffatom an. Ergänze die OH-Gruppen und H-Atome nach der Abbildung.

7.2. Der Nachweis von Zucker

Auch für den Zucker gibt es einen chemischen Nachweis.

Versuch 39: In einem Reagenzglas mit Wasser löst du 1 Spatel Kupfersulfat. Fülle ein zweites Reagenzglas ebenfalls mit Wasser und löse darin 6–8 Plätzchen Natriumhydroxid. Du erhältst nun zwei Lösungen, die mit Trommer I und Trommer II bezeichnet werden. Jede dieser Lösungen ist allein über Jahre hinaus haltbar. Die Mischung beider Lösungen hält sich jedoch nur kurze Zeit.

Fülle nun ein Reagenzglas bis zur Hälfte mit einer schwachen Traubenzuckerlösung und gib je 1 ml Trommer I und II hinzu. Schüttele vorsichtig und erwärme (Abb. 20.5). Prüfe in gleicher Weise auch eine Fruchtzuckerlösung.

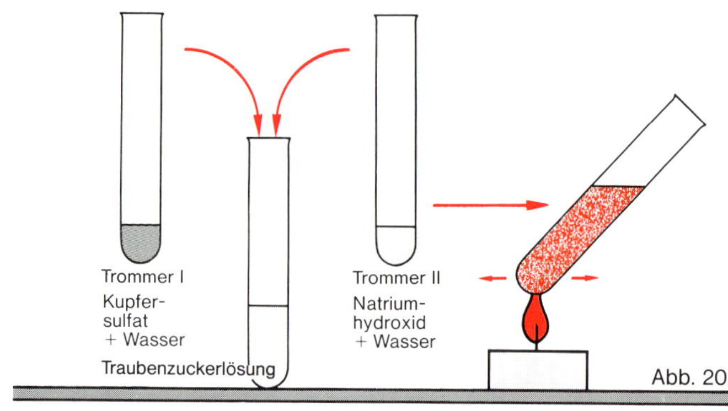

Abb. 20.5

....

....

....

Nun machen wir die Gegenprobe.

Versuch 40: Gieße in ein Reagenzglas je 2 ml Trommer I und II, schüttele und erhitze.

....

Mit der Trommerlösung soll geprüft werden, ob in Weintrauben Traubenzucker enthalten ist.

Versuch 41: Presse aus einer Weinbeere einige Tropfen Saft in ein Reagenzglas, gib etwas Wasser dazu und prüfe mit Trommerlösung.

....

....

Aufgaben

1. Prüfe Rosinen, Äpfel, Honig und andere Stoffe mit Trommerlösung. Gib etwas Wasser hinzu und schüttle gut durch, bevor du den Nachweis durchführst.
2. Prüfe auch, ob eine Zitrone Zucker enthält. Bevor du den Nachweis durchführst, muß der Zitronensaft mit Wasser verdünnt und mit Natronlauge neutralisiert werden.
3. Es gibt Teststreifen zur Früherkennung der Zuckerkrankheit (Diabetes-Test). Alle Apotheken halten diese Streifen mit der entsprechenden Gebrauchsanweisung gegen eine Schutzgebühr von 0,10 DM bereit. Mit diesen Streifen kannst du auf bequeme Weise Traubenzucker nachweisen.

   Gib ein wenig Traubenzucker in Wasser und rühre gut um. Halte anschließend einen Teststreifen in die Lösung. Eine bestimmte Verfärbung (→ Gebrauchsanweisung) zeigt den Traubenzucker an. – Prüfe auf gleiche Weise auch Rosinen, Äpfel und Honig.
4. Löse ein wenig Zucker aus dem Haushalt in Wasser und tauche einen Teststreifen in die Flüssigkeit.

Wir wollen die Zuckerprobe mit dem Zucker aus dem Haushalt noch einmal mit Trommerlösung durchführen.

Versuch 42: In ein zur Hälfte mit Wasser gefülltes Reagenzglas gibst du einige Zuckerkristalle und prüfst mit Trommerlösung.

. . . .

Trommerlösung reagiert nicht mit Rohr- oder Rübenzucker, es lassen sich damit nur Traubenzucker und Fruchtzucker nachweisen. Demnach muß Rohrzucker einen anderen chemischen Aufbau haben als Traubenzucker. Um etwas über den Aufbau zu erfahren, lösen wir einige Aufgaben.

Aufgaben

1. Betrachte das Molekülmodell des Rohrzuckers in Abb. 21.1 und überlege, wie viele C-Atome, H-Atome und O-Atome zu seinem Aufbau notwendig wären. Stelle die Summenformel auf.
2. Vergleiche die Summenformel des Rohrzuckers mit der des Trauben- und Fruchtzuckers.

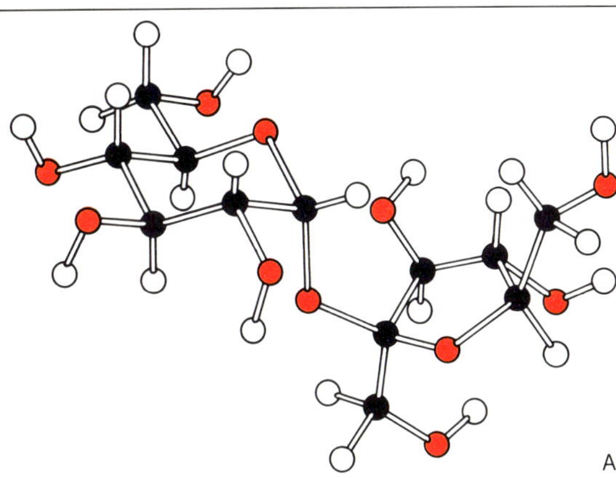

Abb. 21.1

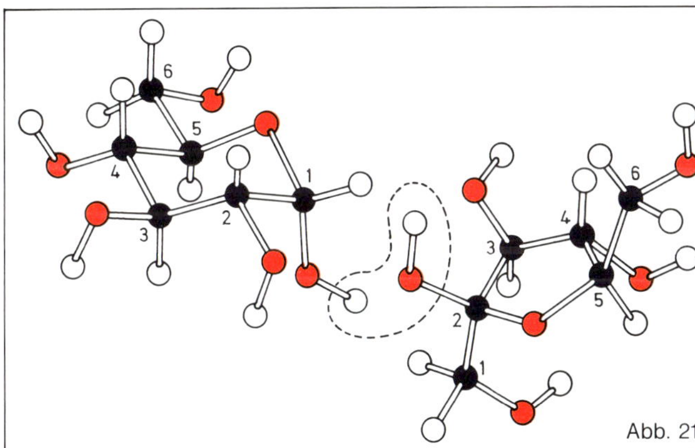

Abb. 21.2

Der Rohrzucker gehört zur Gruppe der Doppelzucker, weil er aus zwei Molekülen Einfachzucker unter Austritt von Wasser entstanden ist. Welche Einfachzucker sich zusammenlagern, läßt sich aus Abb. 21.2 ablesen. Stelle danach die Wortgleichung und die Symbolgleichung auf.

Wortgleichung: . . . .

. . . .

Symbolgleichung: . . . .

Aufgabe

Die eine Hälfte der Klasse baut Traubenzuckermoleküle, die andere Fruchtzuckermoleküle. Es soll gezeigt werden, wie aus je zwei verschiedenen Molekülen Einfachzucker unter Austritt von Wasser ein Doppelzucker entsteht. Entferne dazu von der OH-Gruppe am 1. C-Atom des Traubenzuckermoleküls das H-Atom und die ganze OH-Gruppe am 2. C-Atom des Fruchtzuckermoleküls (Abb 21.2). Verbinde die entstandenen freien Bindemöglichkeiten der beiden Modelle miteinander. Aus den entfernten Atomen entsteht ein Wassermolekül.

Wie der folgende Versuch zeigt, kann Rohrzucker leicht wieder in Traubenzucker und Fruchtzucker umgewandelt werden.

Versuch 43: Löse einen Zuckerwürfel in einer Porzellanschale mit Wasser. Laß dir vom Lehrer 10 Tropfen konzentrierte Schwefel- oder Salzsäure hinzugeben und koche drei Minuten lang. Neutralisiere dann mit Natronlauge und führe die Zuckerprobe durch.

. . . .

. . . .

. . . .

Wenn du den Aufbau des Rohrzuckers verstanden hast, wird es dir nicht schwerfallen, die entsprechende Gleichung für den Abbau aufzustellen.

Wortgleichung: . . . .

. . . .

Symbolgleichung: . . . .

Erklärung: Das Rohrzuckermolekül nimmt ein Molekül Wasser auf und spaltet sich in Traubenzucker und Fruchtzucker. Die Säure wirkt dabei als Katalysator und hat nur die Aufgabe, Wasser an das Rohrzuckermolekül anzulagern.

Die Umwandlung von Rohrzucker in Traubenzucker wird in großem Maße bei der Herstellung von Kunsthonig durchgeführt. Durch vorsichtiges Eindampfen der mit Säure versetzten Zuckerlösung entsteht schließlich eine zähflüssige, gelbe Masse. Zum Schluß wird die Säure neutralisiert, und man erhält den Kunsthonig.

Auch Bienenhonig besteht aus Traubenzucker und Fruchtzucker.

7.3. Von der Zuckerrübe zum Rübenzucker

Im Oktober nach der Rübenernte beginnt die große Zuckerkampagne. Tag für Tag werden auf Anhängern oder Eisenbahnwaggons riesige Mengen Zuckerrüben zu den Zuckerfabriken transportiert. Eine der größten deutschen Zuckerfabriken verarbeitet täglich bis zu 6000 t Rüben, das sind etwa 400 Eisenbahnwaggons voll, um daraus etwa 800 t Zucker zu gewinnen. Da jedoch nicht alle Zuckerrüben sofort verarbeitet werden können, lagern sie zunächst auf großen Halden unter freiem Himmel. Hier bleiben sie möglichst nur kurze Zeit, denn je länger sie lagern, desto geringer wird der Zuckergehalt der Rüben.

Die erste grobe Reinigung erfahren die Rüben in der Schwemmrinne, wo sie mit einem starken Wasserstrahl abgespritzt werden. Dann gelangen sie in die **Waschanlage** (Abb. 21.3), in der sie in langen Trögen so lange im Wasser bewegt werden, bis sie außen

Abb. 21.3

fast so weiß sind wie innen. Die **Schnitzelmaschine** zerkleinert sie zu schmalen, etwa 3 mm dicken Schnitzeln oder schneidet sie in dünne Scheiben. Die Schnitzel kommen nun in die **Auslaugtürme.** Durch heißes Wasser (70 °C) wird der in den Zellen vorhandene Zucker weitgehend entzogen. Der so gewonnene Rohsaft enthält noch verschiedene Verunreinigungen. Sie werden durch Zugabe von gebranntem Kalk und Kohlensäure ge-

Abb. 22.1

bunden und können anschließend abfiltriert werden. Aus dem Rohsaft ist nun ein klarer, hellgelber Dünnsaft geworden, der etwa 14 % Zucker enthält. In der **Verdampferstation** wird der Saft eingedickt, bis er etwa 55–65 % Zucker enthält. Bei weiterem Eindampfen in der **Kochstation** (Abb. 22.1) scheiden sich aus dem Dicksaft die ersten Zuckerkristalle ab. Der dicke Brei aus Zuckerkristallen und Sirup gelangt nun in große Tröge, in denen er langsam abkühlt und weitere Zuckerkristalle bildet. In mächtigen **Zentrifugen** wird schließlich der Sirup von den Zuckerkristallen getrennt. Der so entstandene Rohzucker ist noch nicht fertig zum Versand. Er hat noch eine gelbliche Färbung. Durch **Abbrausen** mit Wasser und Wasserdampf in der Zentrifuge werden auch die letzten Siruprückstände von den Zuckerkristallen getrennt. Nach dem **Trocknen** ist der Zucker nun schneeweiß. In sogenannten Zuckersilos wird er gelagert und von dort aus entsprechend den Anforderungen des Marktes abgesackt, kleinverpackt oder lose auf Spezialfahrzeugen abgegeben.

Denke nach!

1. Kannst du sagen, warum der Rohrzucker auch Doppelzucker genannt wird?
2. Bei manchen Menschen wird der Zucker im Körper nicht richtig verarbeitet und mit dem Urin wieder ausgeschieden (Zuckerkrankheit). Du kennst zwei Möglichkeiten, wie sich Zucker im Harn feststellen läßt.
3. Vor einem sportlichen Wettkampf oder einer schwierigen Klassenarbeit wird häufig Traubenzucker genommen. Begründe!
4. Vergleiche die beiden Molekülmodelle des Traubenzuckers, Abb. 20.1 u. 2 miteinander (→ auch S. 3).
5. Abb. 22.2 u. 3 zeigen die Strukturformeln verschiedener Zuckerarten. Welche Zuckermoleküle sind dargestellt?

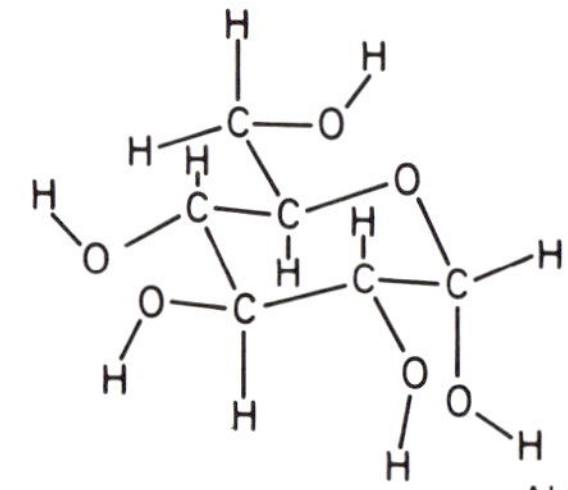

Abb. 22.2

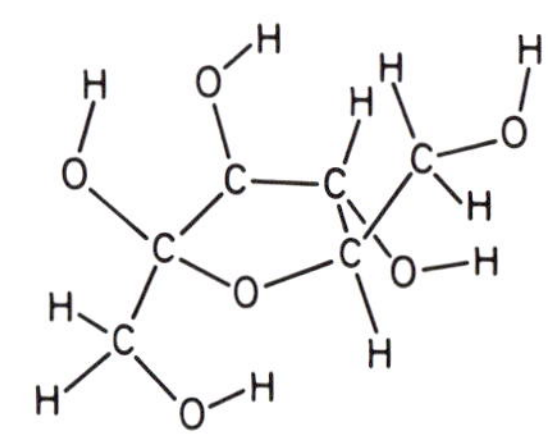

Abb. 22.3

7.4. Was wir uns merken wollen

1. Ergänze die Symbolgleichung der Photosynthese mit Hilfe der Wortgleichung:
Kohlendioxid + Wasser → Traubenzucker + Sauerstoff

Symbolgleichung: $6\ CO_2 + 6\ H_2O \rightarrow$ ....

2. Aus welchen Elementen bestehen die Zucker?

....

....

Summenformel des Traubenzuckers (Abb. 22.4): ....

Summenformel des Fruchtzuckers (Abb. 22.5): ....

Summenformel des Rohrzuckers (Abb. 22.6): ....

3. Wie kann man das Molekülmodell des Traubenzuckers von dem des Fruchtzuckers unterscheiden?

....

....

....

....

4. Auf welche Weise werden Trauben- und Fruchtzucker nachgewiesen (Abb. 22.7)?

....

....

5. Rohrzucker läßt sich in andere Zuckerarten umwandeln.

Wortgleichung: ....

....

Symbolgleichung: ....

....

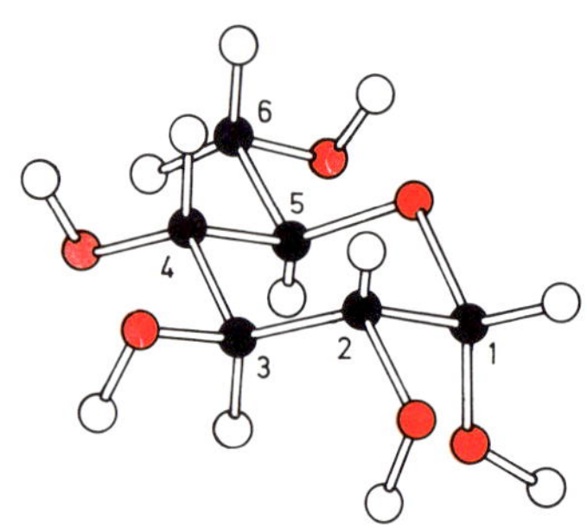

Abb. 22.4

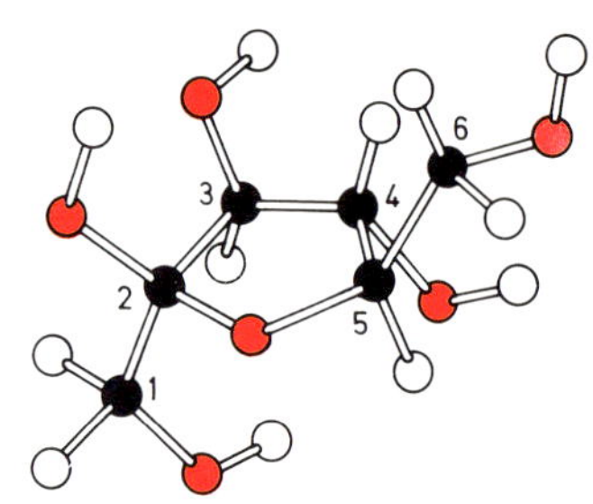

Abb. 22.5

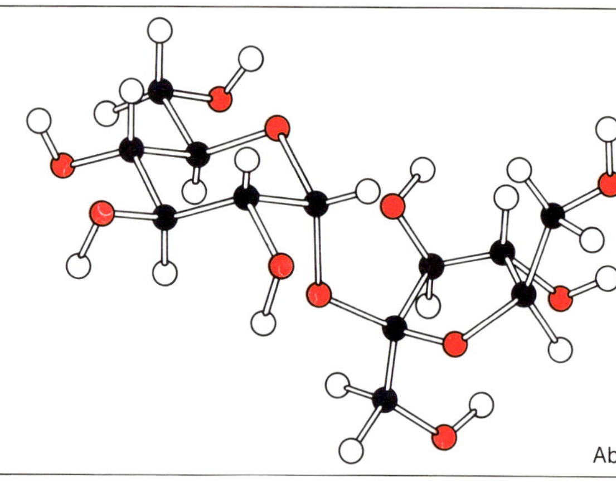

Abb. 22.6

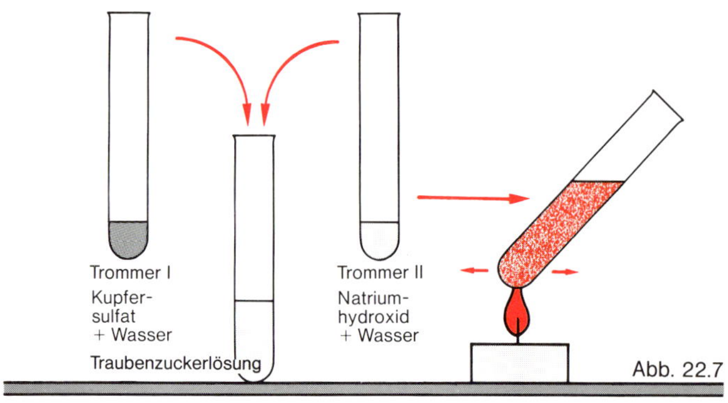

Abb. 22.7

8. Stärke

8.1. Wir bereiten Kartoffelstärke

Auf einer Küchenreibe zerreiben wir einige geschälte Kartoffeln und vermischen den Brei in einer Schale mit Wasser. Nun gießen wir Brei und Wasser durch ein feines Sieb und lassen die durchgesiebte Flüssigkeit so lange stehen, bis sich am Boden eine Schicht absetzt. Wenn wir die Flüssigkeit vorsichtig abgießen und den Rückstand trocknen, erhalten wir Kartoffelmehl, das aus kleinen Stärkekörnern besteht (Abb. 23.1).

Der Rückstand aus dem Sieb wird in einem Tuch kräftig mit Wasser geknetet und dann betrachtet. Er besteht aus den zerriebenen Zellwänden der Pflanzenzellen, die aus Cellulose bestehen.

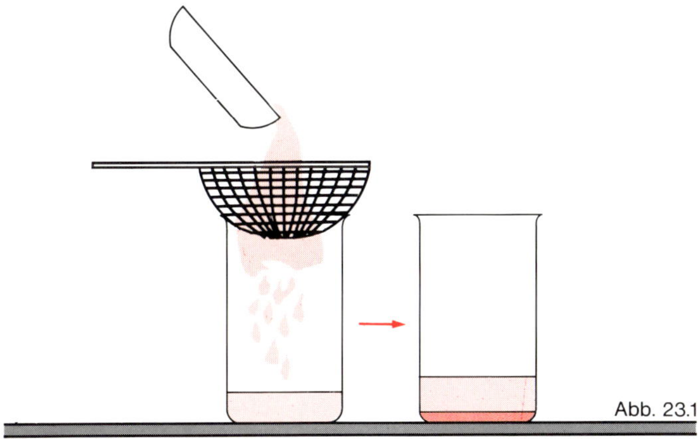

Abb. 23.1

8.2. Die Bestandteile der Stärke

Die Stärke ist uns meist in der Form bekannt, wie sie zum Steifen der Wäsche benutzt wird. Woraus besteht sie?

Versuch 44: Erhitze einen halben Spatel Stärke in einem Reagenzglas und betrachte das Glas in der Nähe seiner Öffnung.

....

....

....

Erhitze die Stärke im Reagenzglas stärker.

....

....

Die Stärke besteht aus den gleichen Elementen wie der Traubenzucker. Es ist jedoch nicht möglich, aus dem Molekülmodell der Stärke die Formel abzulesen; dafür ist es viel zu groß. Wir müssen also versuchen, auf andere Weise zur Formel zu gelangen.

Wir wissen, daß die Pflanze aus Wasser und dem Kohlendioxid der Luft mit Hilfe des Blattgrüns Traubenzucker bildet. Das geschieht nur mit Wirkung der Sonnenenergie. Einigen Pflanzen ist es möglich, aus je zwei Molekülen Einfachzucker ein Molekül Doppelzucker zu bilden. Dabei wird ein Molekül Wasser abgespalten.

Wie entsteht nun in der Pflanze die Stärke? Die Pflanze verknüpft nicht nur zwei, sondern viele tausend Moleküle Einfachzucker unter Abspaltung ebenso vieler Moleküle Wasser zu einem Vielfachzucker, eben der Stärke. Die Stärke ist also chemisch mit dem Zucker verwandt.

Die Größe des Stärkemoleküls ist nicht genau bekannt und je nach Stärkeart verschieden. Man weiß nur, daß sich etwa 50–5000 Traubenzuckermoleküle miteinander verbinden können. Es entsteht also ein sehr großes Molekül (Makromolekül). Abb. 23.2 zeigt einen kleinen Ausschnitt aus dem entstehenden Stärkemolekül.

Aufgaben

1. Es soll das Molekülmodell der Stärke gebaut werden. Alle Gruppen bauen zunächst ein Traubenzuckermolekül (→ Anweisung S. 20). Um zwei Traubenzuckermoleküle miteinander zu verbinden, wird vom ersten Molekül ein H-Atom entfernt, und zwar aus der OH-Gruppe am 1. C-Atom. Beim zweiten Molekül wird die ganze OH-Gruppe am 4. C-Atom entfernt; die freien Bindemöglichkeiten werden miteinander verbunden. Aus den freigewordenen Atomen entsteht ein Wassermolekül. Die Verbindung zwischen dem 2. und dem 3. Molekül geschieht auf gleiche Weise, ebenso die zwischen dem 3. und 4. usw.
2. In dem gebauten Molekülmodell haben sich nach dem Austritt von Wasser mehrere gleiche Gebilde zusammengelagert. Da sie keine vollständigen Traubenzuckermoleküle mehr sind, wollen wir sie **Traubenzuckerreste** nennen. In Wirklichkeit können 50–5000 davon verbunden sein. Miß das gebaute Molekülmodell ab und berechne, wie lang ein Stärkemolekül aus 2000 Traubenzuckerresten sein würde.
3. Stelle an Abb. 23.2 fest, aus wie vielen C-, H- und O-Atomen sich jeder Traubenzuckerrest des Stärkemoleküls zusammensetzt. Schreibe die Summenformel eines solchen Restes auf.

Wollen wir die Summenformel der Stärke aufstellen, so müssen wir die Summenformel der Traubenzuckerreste mit ihrer Anzahl multiplizieren, in unserem Falle $C_6H_{10}O_5$ mit 2000. Der Chemiker schreibt dafür $(C_6H_{10}O_5)_{2000}$. Da man die genaue Zahl der Traubenzuckerreste in einem Stärkemolekül nicht angeben kann, gibt man der Stärke die allgemeine Formel $(C_6H_{10}O_5)_n$. Dabei kann n eine Zahl zwischen 50 und 5000 sein.

8.3. Der Nachweis von Stärke

Wenn wir Stärke in Nahrungsmitteln nachweisen wollen, brauchen wir ein Nachweismittel. Dafür dient Jodlösung.

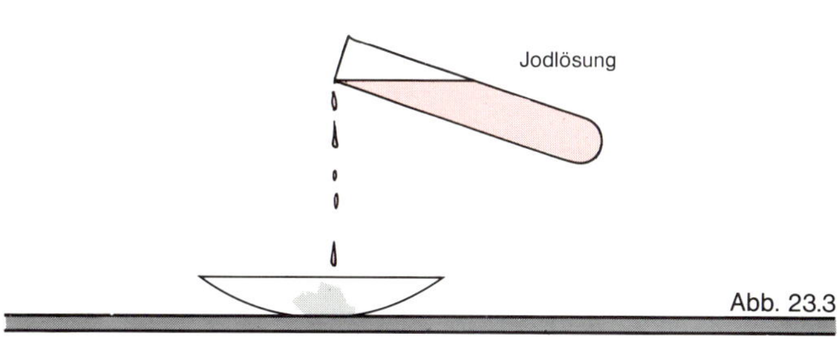

Abb. 23.3

Versuch 45: Gib auf etwas Stärkepulver einige Tropfen Jodtinktur oder Lugolsche Lösung (Jod in Kaliumjodidlösung gelöst) und beobachte (Abb. 23.3).

....

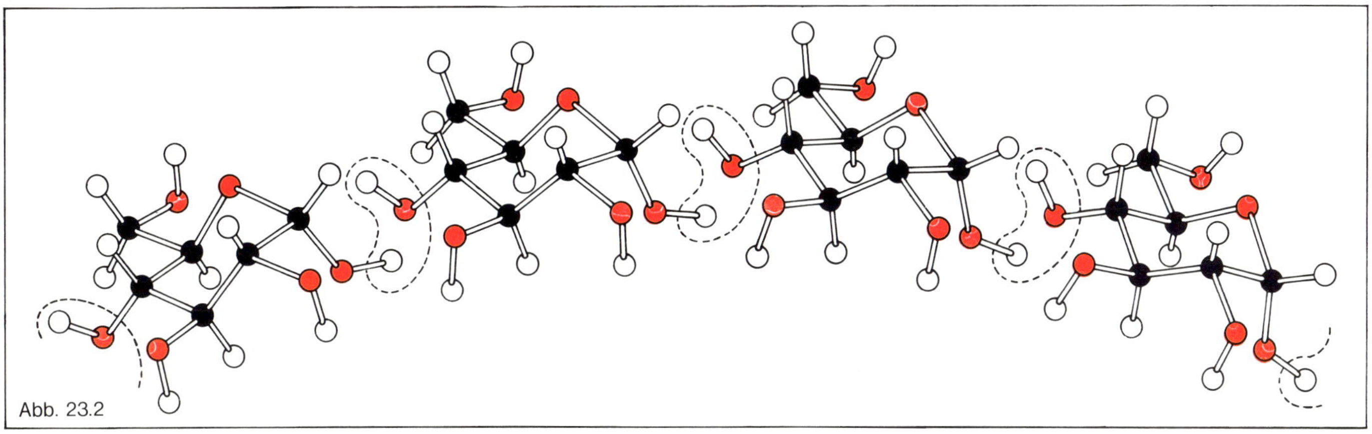

Abb. 23.2

Zum Vergleich geben wir Jodlösung auf etwas Traubenzucker.

....

Nun können wir prüfen, ob im Brot Stärke enthalten ist.

Versuch 46: Träufele einige Tropfen Jodlösung auf ein Stück Brot.

....

....

Wenn im Brot Stärke nachgewiesen wurde, so muß sie auch im Mehl enthalten sein.

Versuch 47: Träufele etwas Jodlösung auf ein wenig Mehl.

....

....

Zum Schluß prüfen wir eine Kartoffelscheibe, zerteilte Erbsen und Bohnen, zerschnittene Reiskörner, ein Stückchen Banane usw. Bei vielen Stoffen tritt die Blaufärbung erst allmählich auf. Stelle die Ergebnisse in einer Tabelle zusammen.

8.4. Stärke unter dem Mikroskop

Wenn wir die Stärke von Weizen, Kartoffeln oder Reis mit der Jodprobe prüfen, ergibt sich kein Unterschied. Mit dem Mikroskop können wir jedoch erkennen, daß die Stärkekörner je nach Art runde, linsen-, ei-, keil-, spindelförmige oder nahezu viereckige Gebilde sind. Ihre Größe liegt zwischen 0,002 und 0,1 mm. Form und Größe sind für jede Stärkeart charakteristisch. Die mikroskopischen Aufnahmen in 250facher Vergrößerung (Abb. 24.1-4) lassen neben den charakteristischen Formen der Stärkekörner auch die Größenverhältnisse der bekanntesten Stärkearten erkennen.

Aufgabe

Betrachte winzige Mengen von Kartoffelstärke, Reisstärke, Weizenstärke und Maisstärke unter dem Mikroskop und ordne sie den Abbildungen 24.1-4 zu.

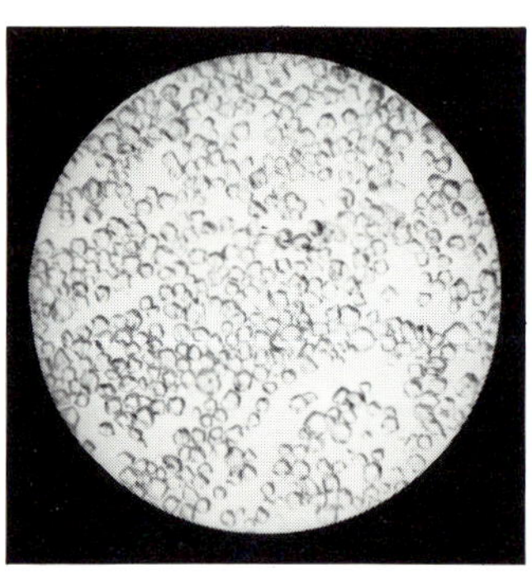

Abb. 24.1

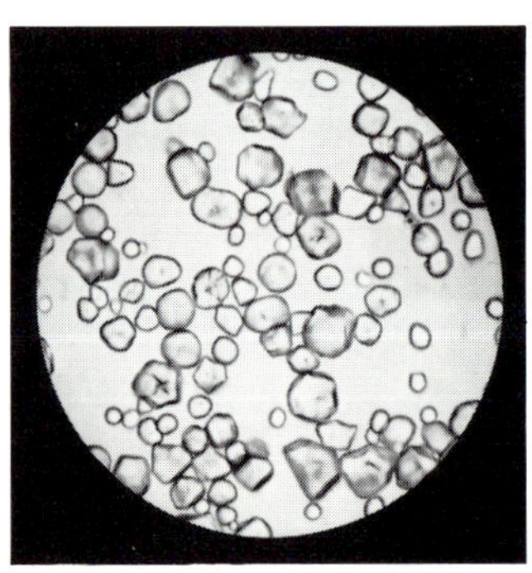

Abb. 24.2

....

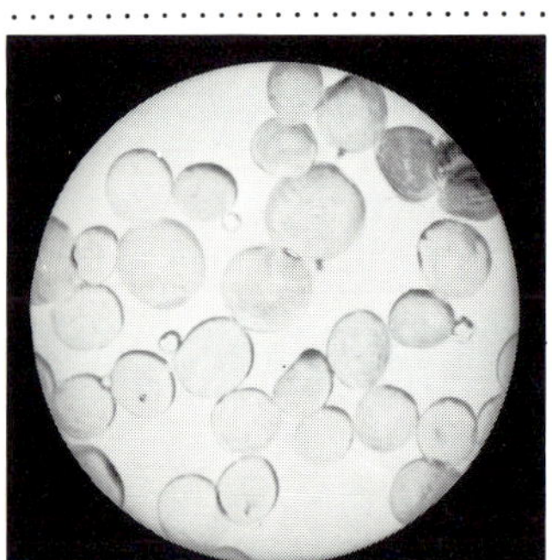

Abb. 24.3

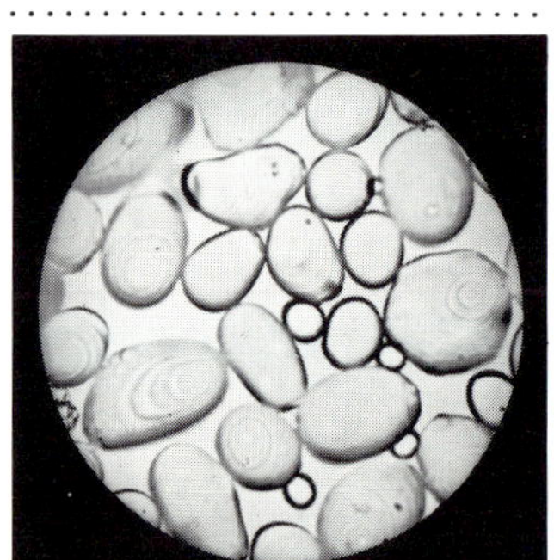

Abb. 24.4

....

Anregungen für weitere Versuche

Nach der richtigen Zuordnung können wir Nahrungsmittel (Maizena, Gustin usw.) mit Hilfe des Mikroskops auf die charakteristische Stärkeart untersuchen (Lebensmitteluntersuchung).

Auch Puder, der aus Weizenstärke besteht, läßt sich mikroskopisch prüfen. Man kann z. B. feststellen, ob er einen Zusatz von Kartoffelmehl enthält. Vielleicht finden sich in der Küche noch andere Stoffe, die zur mikroskopischen Untersuchung geeignet sind.

8.5. Aus Stärke entsteht Zucker

Das erscheint nicht unmöglich, wenn wir daran denken, daß die Stärke mit dem Zucker verwandt ist (vgl. S. 23). – Zunächst prüfen wir, ob eine Stärkelösung bereits Zucker enthält.

Versuch 48: Gib einen Spatel Stärke in eine Porzellanschale, fülle bis zur Hälfte mit Wasser auf und rühre gut um. 1 ml dieser Flüssigkeit wird im Reagenzglas auf Zucker geprüft, indem du je 1 ml Trommer I und Trommer II hinzugibst (→ Versuch 39).

....

....

Wie aber läßt sich ein Stärkemolekül in Traubenzuckermoleküle aufspalten? Denke an den Versuch, mit dem Rohrzucker in Einfachzucker umgewandelt wurde. Plane zunächst einen Versuch, bevor du die folgende Versuchsanweisung liest.

Versuch 49: Die Stärkelösung in der Porzellanschale wird mit 4 Tropfen konzentrierter Schwefel- oder Salzsäure versetzt. Laß sie dir vom Lehrer hineintropfen. Nun kochst du die Flüssigkeit fünf Minuten lang. Danach muß mit Natronlauge neutralisiert werden, indem du kleine Portionen zugibst und umrührst (Abb. 24.5). Prüfe mit rotem Lackmuspapier, bis es sich schwach blau färbt. Erst danach kannst du die Zuckerprobe durchführen.

....

....

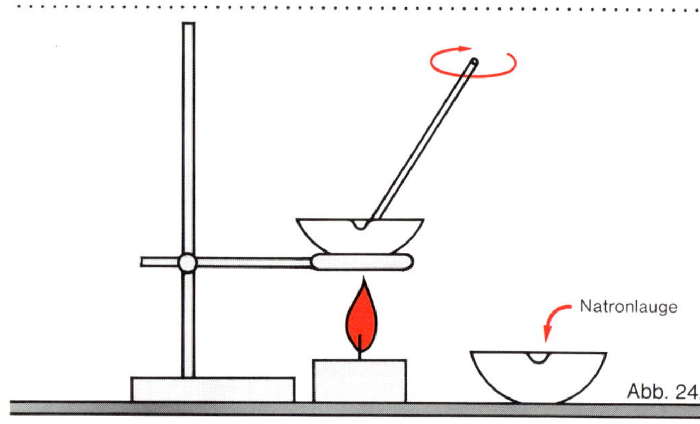

Abb. 24.5

Lies noch einmal die Erklärung zur Spaltung des Rohrzuckermoleküls in Traubenzucker und Fruchtzucker (→ S. 21). Es wird dir danach nicht schwerfallen, eine entsprechende Erklärung für die Vorgänge bei der Spaltung des Stärkemoleküls zu finden.

....

....

....

Symbolgleichung: $(C_6H_{10}O_5)_n + n\,H_2O \rightarrow n\,C_6H_{12}O_6$

Der Versuch zeigt uns, wie aus Stärke Traubenzucker gewonnen werden kann. Auf diese Weise wird Traubenzucker in der pharmazeutischen Industrie in großen Mengen hergestellt.

Wenn wir Brot kauen, setzt die „Verdauung“ der Stärke bereits im Mund ein.

Versuch 50: Ein Bissen Weißbrot wird mindestens 3 Minuten lang gut durchgekaut und dabei mit Speichel vermischt. Anschließend gibst du den Bissen ins Becherglas, fügst noch ein halbes Reagenzglas voll Wasser hinzu, rührst um und filtrierst. Das Filtrat prüfst du auf Traubenzucker.

....

....

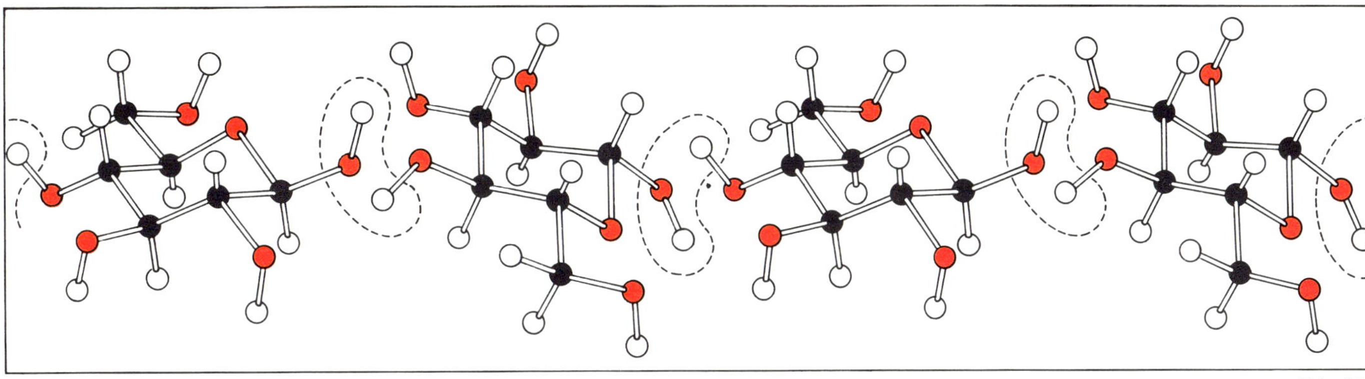

Abb. 25.1

Der menschliche Speichel enthält Ptyalin, ein Enzym, das die Stärke bis zum Malzzucker abbaut. Je länger wir kauen, desto gründlicher erfolgt dieser Prozeß. Im Darm wirkt ein weiteres Enzym, die Maltase, die das Malzzuckermolekül unter Aufnahme eines Moleküls Wasser in zwei Moleküle Traubenzucker spaltet. Erst der Traubenzucker kann die Darmwand passieren und ins Blut übergehen.

8.6. Zucker aus Holz?

Der Hauptbestandteil des Holzes ist die **Cellulose.** Watte und Filterpapier sind fast reine Cellulose.

Das Cellulosemolekül ist – wie das Stärkemolekül – aus vielen Traubenzuckermolekülen entstanden (Abb. 25.1).

Das Molekül der Cellulose besitzt die gleiche Formel wie das Stärkemolekül. Hier sind jedoch weit mehr Traubenzuckerreste miteinander verbunden als beim Stärkemolekül. Man schätzt die Zahl der $C_6H_{10}O_5$-Gruppen auf etwa 10 000.

Die Größe ist jedoch nicht der einzige Unterschied zwischen dem Stärke- und dem Cellulosemolekül. Vergleiche einmal ihre Molekülmodelle (Abb. 23.2 u. 25.1). Fällt dir etwas auf? –

Um Holz zu verzuckern, müssen die langen Riesenmoleküle der Cellulose in ihre einzelnen Bausteine zerlegt werden. Denke an die Aufspaltung der Stärke (→ Versuch 49, S. 24). Stelle die *Symbolgleichung* auf:

....

Überlege dir einen Versuch, mit dem man Holz in Traubenzucker umwandeln kann. Als Ausgangsstoff läßt sich Filterpapier verwenden.

Versuch 51: ....

....

....

....

....

....

Die Zuckergewinnung aus Holz ist schwieriger als die aus Zuckerrüben. Dennoch gibt es Fabriken, die aus Abfallholz oder Brennholz Holzzucker gewinnen.

8.7. Die Verwendung von Stärke

Das wichtigste Anwendungsgebiet für Reisstärke ist das Wäschestärken. Von den verschiedenen Stärkearten hat Reisstärke die kleinsten Stärkekörnchen. Sie können das Gewebe gut durchsetzen. Beim Bügeln werden die Stärkekörner verkleistert und zu einer glatten, elastischen Schutzschicht verbunden. Diese Schutzschicht hält die Wäsche lange frisch und glatt, weil Staub und Schmutz nur schwer in das Gewebe eindringen und daran haften können. Beim Waschen löst sich die Stärkeschutzschicht mitsamt den aufgefangenen Staub- und Schmutzteilchen vom Gewebe ab.

Vielseitige Anwendung findet die Stärke in der Nahrungsmittelindustrie. Reis- und Maisstärke eignen sich vorzüglich für Puddinge, zum Andicken von Speisen und Soßen und für Feingebäck. Auch Pudding- und Backpulver enthalten einen erheblichen Anteil an Stärke.

Durch Abbau der Stärke gewinnt man Stärkesirup mit ca. 38 % Glucose- oder Dextrosegehalt, der zur Herstellung von Süßwaren aller Art, z. B. Bonbons, Pralinenfüllungen, Marmeladen und zur Likörfabrikation gebraucht wird. Führt man den Abbau noch weiter fort, so wird die Stärke völlig verzuckert, und es entsteht Traubenzucker.

In der Textilindustrie wird Stärke zum Appretieren und Schlichten benutzt; sie verleiht den Geweben einen weichen Griff. Die Papierindustrie benötigt sie zum Leimen und Füllen feiner Papiere. Stärke wird auch in der pharmazeutischen Industrie zur Herstellung von Tabletten und als Trägersubstanz verwendet. In der Kosmetik braucht man Stärke zur Herstellung von Pudern und Hautcremes. Für fotografische Zwecke wird Reisstärke zum Mattieren von Platten, Filmen und Fotopapieren benutzt. Schließlich wird Stärke noch in Gerbereien, Gießereien, Brikettieranlagen, für die Gummi- und Klebstoffabrikation und in vielen anderen Industriezweigen benötigt.

8.8. Der Nährwert der Nährstoffe

Um die normale Körpertemperatur von 37 °C dauernd aufrecht zu erhalten, muß in unserem Körper ständig Wärme erzeugt werden. Außerdem brauchen wir für die Lebensvorgänge und zum Arbeiten Energie, die ebenfalls zugeführt werden muß. In erster Linie sind die **Kohlenhydrate** und die **Fette** die Lieferanten für diese Energie. Sie werden unter Mitwirkung des Sauerstoffs der eingeatmeten Luft zu den energiearmen Verbindungen Kohlendioxid und Wasser abgebaut. Dabei wird Energie frei, die für alle Lebensvorgänge unentbehrlich ist (Abb. 25.2). Die Kohlenhydrate und die Fette sind daher für unseren Körper Energiestoffe mit einem bestimmten Heizwert. Er wird – ebenso wie der Heizwert der Brennstoffe (Kohle, Öl usw.) – in kcal/kg[1] angegeben.

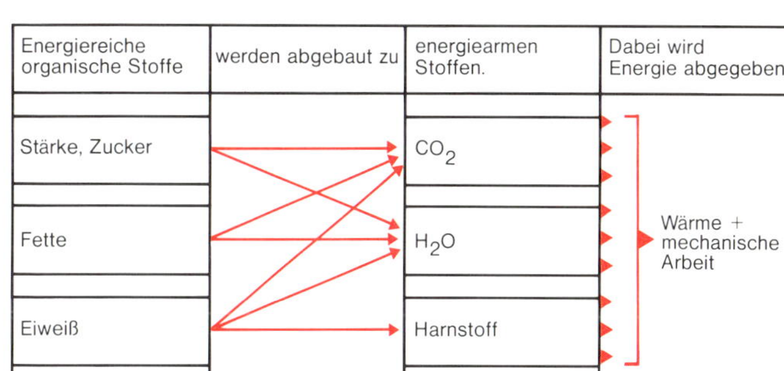

Abb. 25.2

Das **Eiweiß** dient nicht nur zur Energiegewinnung, sondern auch als Baustoff. Beim Kind überwiegen die aufbauenden Vorgänge des Eiweißstoffwechsels. In den Körperorganen wird das Eiweiß jedoch nicht nur aufgebaut, sondern auch abgebaut. Das geschieht durch Oxidationsvorgänge, bei denen z. B. Harnstoff entsteht, den die Nieren durch den Harn ausscheiden. Abb. 26.1 zeigt, wie die Stoffe zur Energiegewinnung und die Aufbaustoffe in den einzelnen Nahrungsmitteln verteilt sind.

[1] Die Einheit cal wird nach dem „Gesetz über Einheiten im Meßwesen“ bis 1. 1. 1978 durch J (Joule) ersetzt, kcal durch kJ (1 cal = 4,1868 J).

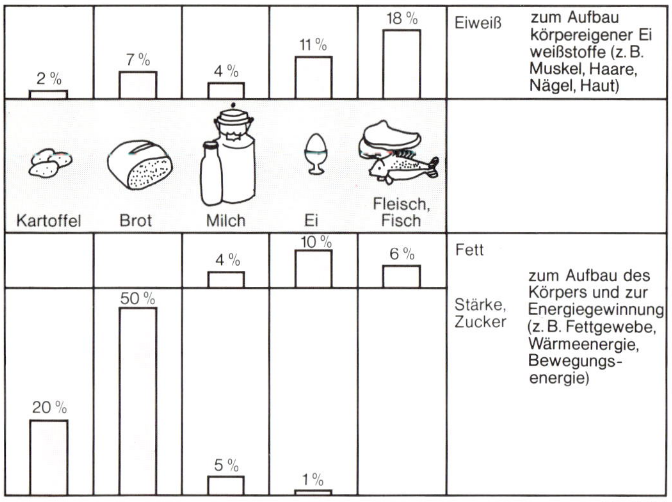

Abb. 26.1

Die Nährstoffe haben unterschiedliche Heizwerte:

1 g Fett	liefert 9,3 kcal	(38,9 kJ)
1 g Eiweiß	liefert 4,1 kcal	(17,2 kJ)
1 g Kohlenhydrat	liefert 4,1 kcal	(17,2 kJ)

Auf S. 32 findest du eine Tabelle, in der der Nährstoffgehalt einiger Nahrungsmittel angegeben ist. Der Heizwert von Nahrungsmitteln läßt sich auf folgende Weise berechnen.

Beispiel: Wieviel kcal (kJ) liefern 100 g Reis?

Fett:	1 · 9,3 kcal (38,9 kJ)	=	9,3 kcal	(38,9 kJ)
Eiweiß:	7 · 4,1 kcal (17,2 kJ)	=	28,7 kcal	(120,4 kJ)
Kohlenhydrate:	79 · 4,1 kcal (17,2 kJ)	=	323,9 kcal	(1358,8 kJ)
Summe:			361,9 kcal	(1518,1 kJ)

Wenn du den errechneten Heizwert mit dem aus der Tabelle vergleichst, stellst du eine Differenz fest. Sie ist dadurch zu erklären, daß die Heizwerte für jeweils 1 g Fett, Eiweiß und Kohlenhydrat nur abgerundete Werte darstellen.

Aufgabe
Berechne mit Hilfe der Tabelle auf S. 32 den Heizwert eines Mittagessens in kcal (kJ): 200 g Kartoffeln, 120 g Rindfleisch, 100 g Möhren und 20 g Butter.

Denke nach!

1. Warum wird die Stärke auch Vielfachzucker genannt?
2. Bananen enthalten auch Stärke. Wie kannst du das nachweisen?
3. Körperpuder enthält meist Reisstärke. Wie kannst du prüfen, ob andere Stärkearten zugesetzt worden sind?
4. Was sagt dir das Sprichwort „Gut gekaut ist halb verdaut"?
5. Ergänze in Abb. 26.2 die wichtigsten Bestandteile der Kartoffel.

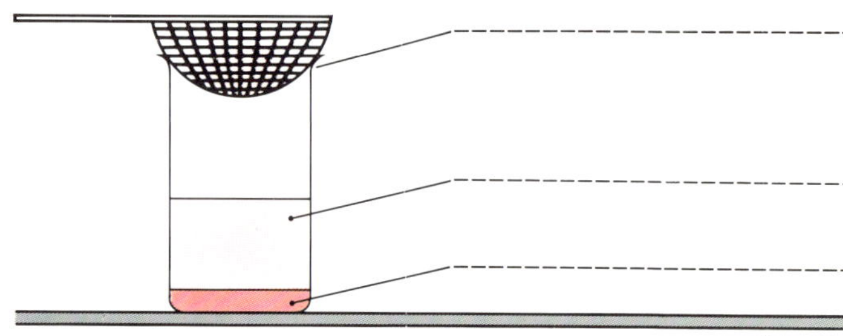

Abb. 26.2

8.9. Was wir uns merken wollen

1. Aus welchen Elementen besteht die Stärke?

. . . .

2. Entwickle die Summenformel der Stärke aus Abb. 26.3

. . . .

3. Wie läßt sich Stärke nachweisen (Abb. 26.4)?

. . . .

. . . .

4. Stärke läßt sich in Zucker verwandeln. Berichte kurz darüber (Abb. 26.5).

. . . .

. . . .

. . . .

Symbolgleichung: . . . .

5. Aus Holz läßt sich Zucker gewinnen. Wie ist das möglich?

. . . .

. . . .

. . . .

6. Welche Nährstoffe bezeichnet man als Stoffe zur Energiegewinnung und welche als Aufbaustoffe?

. . . .

. . . .

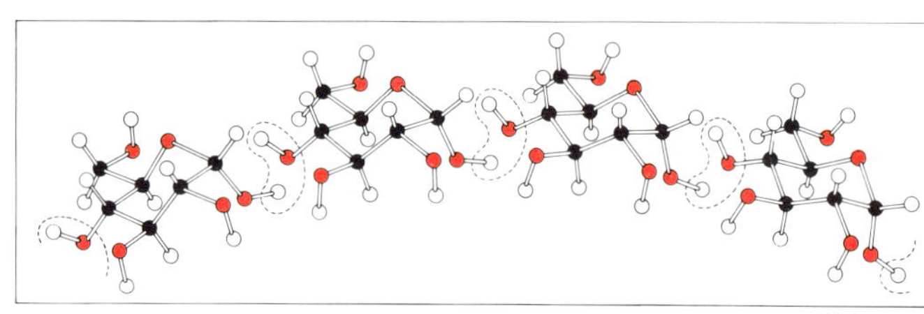

Abb. 26.3

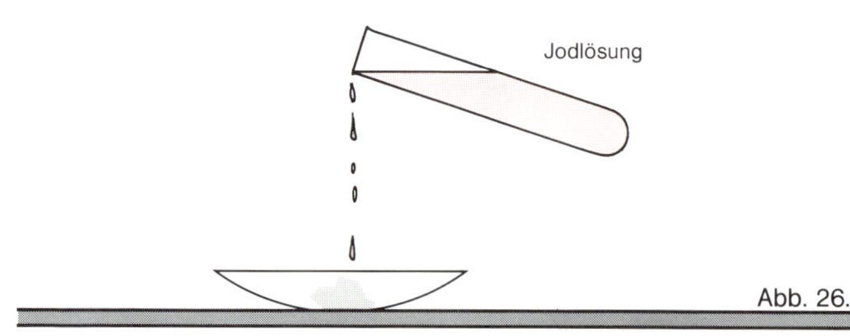

Abb. 26.4

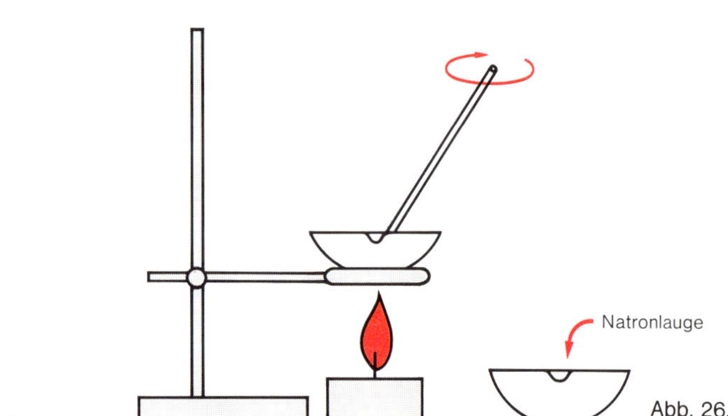

Abb. 26.5

9. Milch

9.1. Die Milch wird dick

Läßt man Frischmilch einige Stunden in der Wärme stehen, so wird sie dick, ohne daß jemand etwas dazugetan hat. Sie wird sauer.

Versuch 52: Fülle ein Glas mit Milch und prüfe mit blauem Lackmuspapier. Laß das Glas dann einige Tage offen an einem warmen Platz stehen. Prüfe danach wiederum mit Lackmuspapier.

....

....

....

Wird Milch dick, so schmeckt sie sauer. Sollte hier eine Säure im Spiel sein? Dann müßten vielleicht einige Tropfen Säure genügen, um die Milch dick werden zu lassen. Versuche es einmal mit ein wenig Essig.

Versuch 53: Ein Glas füllst du zur Hälfte mit frischer, handwarmer Milch und gießt dazu ein wenig Essigsäure. Rühre nun um und laß stehen. – Wie verhält sich die Milch bei Zugabe anderer Säuren, z. B. Zitronensäure?

Säure bewirkt das Dickwerden (Gerinnen) der Milch. Läßt man die dicke Milch kurze Zeit stehen, so setzt sich das Geronnene ab. Es ist der Käsestoff, das **Kasein.** Darüber befindet sich eine Flüssigkeit, die **Molke.**

Aufgabe

Überlege, wie du die Hauptnährstoffe (Eiweiß, Fett, Kohlenhydrate) im Kasein und in der Molke nachweisen kannst. Die Nachweise sollen in der folgenden Unterrichtsstunde durchgeführt werden.

9.2. Ein Säugling lebt nur von Milch

Mensch und Tier brauchen in der ersten Zeit ihres Lebens nur Milch als Nahrung, und da sie gerade dann die höchste Gewichtszunahme aufweisen, müssen in der Milch alle Nährstoffe enthalten sein, die der Körper zu seiner Entwicklung benötigt.

Viele meinen, daß die Milch im Magen durch die Salzsäure gerinnt. Tatsächlich bilden sich im Magen grobe Gerinnsel, aber nicht durch die Salzsäure. Sie entstehen durch ein Enzym im Magensaft, das Pepsin. In den Mägen junger Kälber findet sich ein ähnliches Enzym, das **Lab** genannt wird. Da die Molkereien ohne diesen Stoff kaum auskommen können, wird er aus Kälbermägen gewonnen. Molkereien sind gern bereit, ein wenig Lab für Versuche abzugeben.

Versuch 54: Gib in ein Becherglas etwas Lab und dazu zwei Reagenzgläser Milch von etwa 40 °C. Nach schnellem Umrühren wird die Flüssigkeit zur Ruhe gebracht.

....

....

Ist kein Lab für die Versuche vorhanden, so lassen wir die Milch durch Säure gerinnen (→ Versuch 53). Bei der Lab- und bei der Säuregerinnung ist das Kasein von der Molke umgeben. Wir wollen beide Stoffe untersuchen und trennen sie deshalb voneinander.

Abb. 27.1

Versuch 55: Filtriere die geronnene Milch und presse bei der Labgerinnung mit einem Leinentüchlein den letzten Rest Molke vorsichtig aus dem Kasein aus (Abb. 27.1). Bei der Säuregerinnung läßt du nur gut abtropfen.

....

....

....

Diese beiden Stoffe werden wir nun untersuchen. Ist die Milch wirklich ein vollwertiges Nahrungsmittel, so müssen sich darin Fett, Eiweiß und Kohlenhydrate nachweisen lassen. Wir machen zunächst mit Kasein die **Fettprobe.**

Versuch 56: Streiche eine Spatelspitze Kasein auf einem Blatt Papier aus und halte es nach dem Trocknen gegen das Licht.

....

....

Nun untersuchen wir die Molke auf Fett.

Versuch 57: Gib einen Tropfen Molke mit einem Glasstab auf Schreibpapier und laß das Blatt trocknen.

....

....

....

Unsere nächste Untersuchung ist die Prüfung auf **Eiweiß.**

Versuch 58: Auf eine Spatelspitze Kasein im Reagenzglas läßt du dir vom Lehrer 2 ml konzentrierte Salpetersäure geben und erwärmst leicht.

....

....

Wir prüfen auch die Molke auf Eiweiß.

Versuch 59: Fülle ein Reagenzglas zur Hälfte mit Molke. Laß dir vom Lehrer wieder etwas Salpetersäure hinzugeben.

....

....

....

Die Molke erinnert uns vielleicht an eine wäßrige Hühnereiweißlösung. Diese gerinnt beim Kochen. Können wir das gleiche auch bei Molke feststellen?

Versuch 60: Gib ein Reagenzglas frischer Molke in einen Erlenmeyerkolben und halte die Flüssigkeit 2–3 Minuten lang auf einer Temperatur von etwa 100 °C.

....

....

....

Die Molke enthält nur wenig Albumin. Das erkennen wir an der schwachen Gelbfärbung, wenn Molke mit Salpetersäure versetzt wird. Beim Kochen der Milch scheidet sich dieses Eiweiß als Häutchen ab. Es läßt sich sogar abziehen, doch bildet sich sofort wieder ein neues.

Kosten wir Milch, so schmeckt sie ein wenig süß. Vielleicht enthält sie **Zucker**?

Versuch 61: Ein Reagenzglas füllst du zur Hälfte mit Molke und gibst je 1 ml Trommer I und Trommer II hinzu. Nach dem Schütteln wird erwärmt.

....

....

....

Aufgabe

Fasse die Ergebnisse der Versuchsreihe über die Untersuchung der Milch zusammen.

9.3. Mineralsalze, Spurenelemente und Vitamine

Außer den Hauptnährstoffen enthält die Milch noch viele Mineralsalze, die lebensnotwendig sind. Vor allem hat das Calcium eine wichtige Funktion im Körperhaushalt zu erfüllen. Es spielt bei fast allen Lebensvorgängen eine wesentliche Rolle. Calcium ist auch der Hauptbestandteil der Knochen. Die besten „Calciumlieferanten" sind Milch in jeder Form und Käse als konzentriertes Milchprodukt. Der Körper benötigt außerdem Natrium für den Wassertransport und Kalium für die Muskeltätigkeit. Chloride sind für die Bildung von Magensäure unerläßlich.

Die Mineralsalze sind aus verschiedenen Elementen aufgebaut. 1 l Milch enthält folgende Mengen dieser Elemente:

Kalium	1,40 g	Magnesium	0,12 g
Calcium	1,28 g	Chlor	1,06 g
Phosphor	0,93 g	Natrium	0,47 g

Neben diesen Mineralstoffen braucht der Körper weitere Stoffe, aber nur in sehr geringen Mengen. Es sind die lebenswichtigen **Spurenelemente.** Davon wurden in der Milch festgestellt: Eisen, Zink, Kupfer, Mangan, Bor, Fluor, Jod u. a.

Während sich die Spurenelemente mit einfachen Mitteln nicht nachweisen lassen, kannst du die Mineralsalze der Milch feststellen.

Versuch 62: Gib zu 10 ml Milch ca. 1 ml Essig und filtriere die Molke vom Kasein ab. In einem Porzellanschälchen wird die Molke dann abgedampft.

Nach dem Eindampfen der Molke bleiben Salze zurück, die **Mineralsalze** der Milch. Koste ein wenig davon. Die verkohlten Rückstände (Kohlenstoff) lassen auf Milchzucker schließen.

Die Milchsalze bewahren wir in einem kleinen Gefäß auf, um sie später zu untersuchen.

Du glaubst, daß zur Gesunderhaltung des Körpers die Hauptnährstoffe, die Mineralsalze und Spurenelemente ausreichen. Aber sicher hast du auch schon etwas von den **Vitaminen** gehört. Die Krankheiten Rachitis und Skorbut werden z. B. durch Vitaminmangel verursacht. Heute kennt man mehr als 20 Vitamine. Sie werden mit Großbuchstaben bezeichnet. Jedes Vitamin hat im Körper eine ganz bestimmte Aufgabe zu erfüllen. Der Vitamingehalt der Milch sichert dem Säugling und Kleinkind eine ungestörte Entwicklung. Er ist auch für den Erwachsenen von großer Wichtigkeit.

Aufgabe

Vergleiche den Vitamingehalt von Lebensmitteln (→ Tabelle S. 32).

9.4. Die Gewinnung von Butter und Käse (Molkerei)

Nach der Anlieferung wird die Milch zunächst in die großen Annahmebehälter der Molkereien gepumpt. Von hier aus gelangt sie in die Reinigungszentrifugen, in denen eventuelle Fremdkörper mit Hilfe der Zentrifugalkraft abgeschleudert werden. Im Anschluß an die Reinigung wird die Milch pasteurisiert (Abb. 28.1), d. h., sie wird entkeimt. Drei Verfahren sind gesetzlich zugelassen:

1. die Dauererhitzung auf 62 – 65 °C für die Zeit von 30 Minuten,
2. die Kurzzeiterhitzung auf 71-74 °C für mindestens 30 Sekunden,
3. die kurze Hocherhitzung auf 85 °C für 5 Sekunden.

Abb. 28.1

Abb. 28.2

Um die Haltbarkeit und den Geschmack der Rohmilch zu erhalten, fließt sie nach dem Erhitzen sofort in geschlossene Röhren- oder Plattenkühler.

Die pasteurisierte und tiefgekühlte Milch wird nun automatisch in Flaschen oder in „Wegwerfpackungen" gefüllt und verschlossen oder in sterilisierten Kannen an die Milchgeschäfte geliefert.

Der größte Teil der angelieferten Milch wird zu **Butter** verarbeitet. Zur Butterherstellung fließt vorgewärmte Milch durch eine Zentrifuge, die in einer Stunde ca. 5000 l in Rahm und entrahmte Milch trennt. Beide Erzeugnisse werden zunächst durch Erhitzen entkeimt und anschließend sofort gekühlt.

In großen Wannen wird der Rahm auf Zimmertemperatur gebracht und mit Milchsäurebakterien versetzt. Sie geben der Butter später das richtige Aroma. Fast 24 Stunden wirken die Bakterien, bis endlich der gereifte Rahm in das große Butterfaß (Abb. 28.2) fließt. Die größten Butterfässer können mehrere tausend Liter aufnehmen. 40 Minuten rotiert das Faß. Dabei wird das Fett durch Stoß und Schlag zu Klumpen zusammengeballt. Die frische Buttermilch wird in einen Behälter abgelassen. Sie ist zwar fettarm, aber reich an Eiweiß, Milchzucker, Mineralstoffen und Vitaminen. Die letzten Buttermilchreste werden aus der Butter mit Wasser ausgewaschen. Maschinell wird die Butter geknetet. Dabei werden alle überschüssigen Wasserreste entfernt, und die Butter wird zur festen Buttermasse zusammengepreßt. Nun kann sie durch Maschinen ausgeformt und verpackt werden (Abb. 28.3).

In steigendem Maße werden in den Molkereien jetzt auch Butterungsmaschinen benutzt, denen der Rahm laufend zufließt. In diesen Anlagen wird aus dem Rahm in kürzester Zeit Butter hergestellt. In dickem Strang wird sie zu den Formmaschinen gepreßt, die automatisch teilen, wiegen und verpacken.

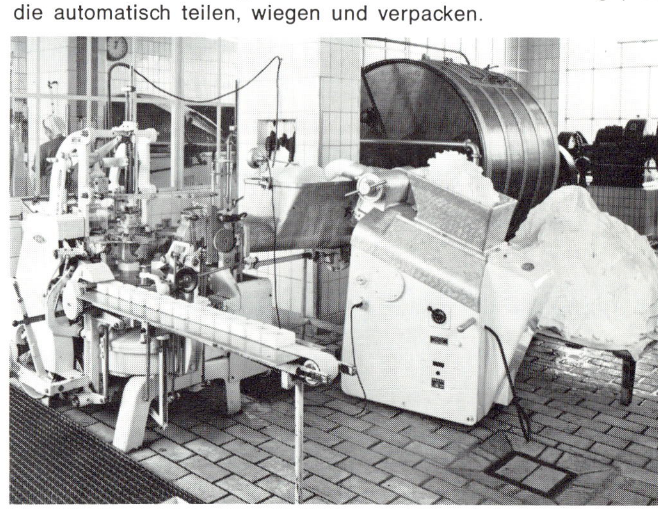

Abb. 28.3

Abb. 29.1

Abb. 29.2

Abb. 29.3

Zur Herstellung von **Käse** (z. B. Emmentaler) wird die Milch zunächst in großen Kesseln und Wannen auf etwa 35 °C erwärmt und mit Lab versetzt (Abb. 29.1). Bereits kleinste Labmengen bringen die Milch zum Gerinnen, ohne daß sie sauer wird. Der Fachmann sagt, sie wird „dickgelegt"; die dicke Masse nennt er „Bruch".

Der Bruch wird durch automatische Schneidwerke zerschnitten und die entstandenen Bruchstücke durch die Käseharfe (Abb. 29.2) weiter zerkleinert. Es entsteht eine körnige, schneeweiße Masse, die herausgenommen und in Formen gegeben wird. Zurück bleibt die Molke. In der Form wird die rohe Käsemasse nun gepreßt, damit möglichst viel Molke abfließen kann. Der Rohkäse ist fertig und kann aus der Form genommen werden.

In großen Wannen mit Salzlake erhält er seine Würze (Abb. 29.3). Außerdem wird der Käse dadurch haltbarer. Im warmen Gärkeller beginnt die Vorgärung des Käses, wobei hauptsächlich Milchzucker in Milchsäure umgewandelt wird. Erst danach geht es in den etwas kühleren Reifekeller, wo die Hauptgärung erfolgt. Hier werden die Eiweißstoffe durch bestimmte Bakteriengruppen verändert. Es werden Stoffe erzeugt, die dem Emmentaler den gewünschten Geschmack und das Aroma verleihen.

Für die anderen Käsesorten ergeben sich bei der Herstellung verschiedene Abweichungen. Die Milch wird z. B. mit weniger Lab versetzt, oder der Bruch wird nicht so stark zerkleinert. Außerdem gelangt der Bruch in andere Formen und hat eine wesentlich kürzere Reifungszeit. Auf diese Weise entstehen die unterschiedlichsten Käsesorten.

9.5. Wie kommen die Löcher in den Käse?

Die Frage ist oft genug gestellt, aber nur selten richtig beantwortet worden. Nicht jeder Käse hat Löcher, und nicht jedes Loch gleicht dem andern. Die Löcher sind vielmehr ihrer Form nach für jede Käsesorte verschieden. Sicherlich sind dir schon einmal die rundlichen Löcher des Emmentalers aufgefallen oder die schlitzförmigen des Tilsiters.

Diese Löcher entstehen während der Käseherstellung bei der Reifung des Käses. Die Säurebakterien bilden Milchsäure. Andere Reifungsbakterien verbrauchen die Milchsäure wieder und zersetzen die Eiweißstoffe des Käses. Auf diese Weise erhält der Käse seinen charakteristischen Geschmack.

Ähnlich wie beim Backen mit Hefe, bilden sich beim Reifungsprozeß unschädliche Gase. Meist ist es Kohlendioxid, das die Käsemasse auflockert und förmlich hochtreibt. So bilden sich kleine Hohlräume, eben die Löcher im Käse.

Dieser Vorgang dauert recht lange. Der große, runde Emmentaler, der wegen seiner Größe der „König der Käse" genannt wird, braucht für seinen Reifungsprozeß etwa 6 Monate. Die übrigen Käsesorten brauchen, je nach Art und Größe, etwa 3 bis 12 Wochen. Erst dann haben sie ihre charakteristischen Merkmale erhalten.

Während dieser Zeit werden die Keller, in denen die Käse lagern und reifen, laufend kontrolliert. Wichtig ist, daß in ihnen eine Temperatur herrscht, die für die Bakterien am günstigsten ist. Außerdem werden die Käse ab und zu mit feuchten Tüchern abgerieben, damit die Bakterien die zum Leben notwendige Feuchtigkeit erhalten.

Denke nach!

Ist die Milch ein preiswertes Nahrungsmittel? — Im Nährwert entspricht 1 l Milch (660 kcal = 2763,29 kJ) den angegebenen Mengen folgender Nahrungsmittel:

	DM/kg	DM/ angegebene Menge
1 l Vollmilch		
1,68 l Buttermilch		
148 g Emmentaler Käse (45 % Fett i. T.)		
80 g Butter		
633 g Magerquark		
270 g Rindfleisch		
240 g Schweinefleisch		
117 g Salamiwurst		
905 g Seefisch, z. B. Dorsch 1960 g Rohgewicht		
8,5 St. Eier (55 g je Stück)		

Setze in die mittlere Spalte der Tabelle zunächst die Preise für 1 kg ein. Berechne dann für die angegebenen Mengen der Nahrungsmittel die entsprechenden Preise und trage sie in die rechte Spalte ein. Was kannst du nun zu der oben gestellten Frage sagen?

9.6. Was wir uns merken wollen

1. Durch Lab oder Säure gerinnt die Milch. Dabei entstehen zwei Stoffe.

① ....

② ....

2. Welche Nährstoffe kannst du im Kasein und in der Molke nachweisen?

Im Kasein: ....

In der Molke: ....

3. Warum kann man Milch als vollwertiges Nahrungsmittel bezeichnen?

....

....

....

10. Mehl

10.1. Wir untersuchen Mehl

Auch das Mehl gehört zu den Hauptnahrungsmitteln, weil viele Eßwaren aus Mehl bereitet werden. Du brauchst nur an Brot, Brötchen, Gebäck und Teigwaren zu denken.

Du kannst nun untersuchen, welche Hauptnährstoffe sich im Mehl befinden. Die einzelnen Nachweise für Stärke, Zucker, Eiweiß und Fett sind dir bekannt, bist du aber nicht ganz sicher, so lies noch einmal die Versuchsanleitungen zu den Versuchen 45, 39, 34 und 12 durch. Trage die Ergebnisse deiner Untersuchungen hier ein.

Stärke: ....

Zucker: ....

Eiweiß: ....

Fett: ....

Das Mehl enthält aber noch weitere Bestandteile. Der folgende Versuch sollte vom Lehrer gezeigt werden.

Versuch 63 (LV)**:** In einen Porzellantiegel geben wir 5 g Mehl und erhitzen auf einem Tondreieck über einer heißen Gasflamme, bis das Mehl verkohlt. Nun erhitzen wir so lange weiter (ca. 30 Min.), bis nur eine geringe Menge weißer Asche zurückbleibt (Abb. 30.1).

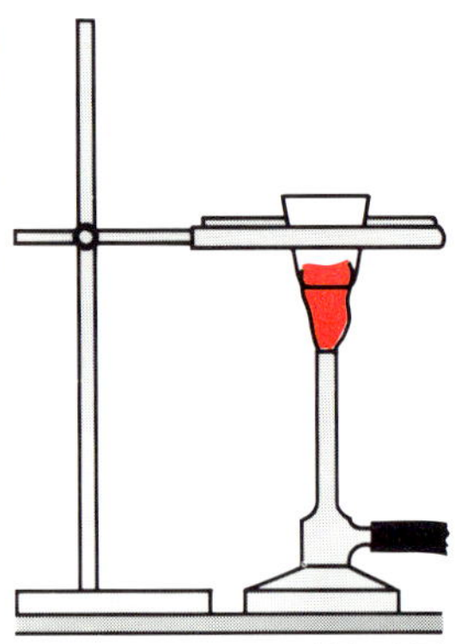

Abb. 30.1

....

....

....

....

....

Diese Mineralsalze enthalten Elemente, die zum Aufbau unseres Körpers notwendig sind, z. B. Calcium, Natrium, Kalium, Magnesium, Eisen, Phosphor. Die Mineralsalze sind die einzigen unverbrennbaren Nährstoffe. Deshalb bleiben sie beim vollständigen Verbrennen und Ausglühen eines Nahrungsmittels als weiße Asche zurück.

Bei den verschiedenen Mehlsorten ist die Menge der zurückbleibenden Asche unterschiedlich. Daraus leitet man die Typenbezeichnung der Mehle ab. „Weizenmehl Type 405" (Abb. 30.2) bedeutet, daß 100 g wasserfreies Weizenmehl 0,405 g Mineralsalze enthalten. Geringe Gewichtsabweichungen sind gestattet.

Abb. 30.2

10.2. Aus Mehl läßt sich Teig bereiten

Versuch 64: Verrühre 3 Teelöffel Weizenmehl mit etwa 2 Teelöffeln Wasser. – Aus Mehl und Wasser ist ein Teig entstanden. – Du kennst auch das Kartoffelmehl. Versuche, daraus auf gleiche Weise einen Teig zu bereiten.

....

....

....

Zu dem gleichen Ergebnis kommst du auch bei Versuchen mit Maismehl. Alle drei Nahrungsmittel enthalten in der Hauptsache Stärke. Dennoch besteht zwischen diesen drei Mehlsorten ein Unterschied. So enthält z. B. das Weizenmehl sehr viel mehr Eiweiß als die beiden anderen Mehlsorten. Dieses Eiweiß läßt sich auf einfache Weise gewinnen.

Versuch 65: Knete aus 50 g Weizenmehl und etwas warmem Wasser (ca. 30 °C) einen festen Teig und laß ihn 30 Minuten ruhen. Nimm dann den Teigballen in die Hand und wasche ihn unter einem schwachen Wasserstrahl so lange aus, bis kein milchiges Wasser mehr abfließt. Damit kein Eiweiß verlorengeht, geschieht das Auswaschen am besten über einem Sieb. Das abfließende milchige Wasser fängst du in einer Schüssel für einen späteren Versuch auf.

Beim Auswaschen des Weizenmehlteiges bleibt das Eiweiß zurück. Nach kurzer Zeit schon zeigt es eine klebrige Beschaffenheit. Daher hat es die Bezeichnung **Kleber** erhalten. Du kannst durch eine Prüfung mit Salpetersäure (→ Versuch 33) nachweisen, daß Kleber tatsächlich Eiweiß ist.

In den folgenden Versuchen wollen wir einige Eigenschaften des Klebers kennenlernen. Teile dafür die Klebermasse in drei gleiche Teile.

Versuch 66: Laß einen Teil des Klebers einige Stunden mit Wasser stehen.

....

....

Versuch 67: Lege den zweiten Teil der Klebermasse für einige Stunden in Essigwasser.

....

....

....

Versuch 68: Ziehe den Rest des Klebers auseinander und trockne die Kleberfäden bei etwa 70 °C, indem du sie in einer Porzellanschale vorsichtig erhitzt.

....

....

....

Weizenmehl enthält mehr Kleber als Roggenmehl. Kartoffelmehl und Maismehl enthalten keinen Kleber. Deshalb läßt sich daraus kein Teig bereiten. Man kann höchstens flache Fladen daraus backen.

Der Hauptbestandteil des Mehls ist aber nicht der Kleber sondern die Stärke.

Versuch 69: Das beim Kleberauswaschen aufgefangene Wasser klärt sich langsam. Auf dem Boden des Gefäßes setzt sich ein weißer Schlamm ab. Schütte nun das Wasser vorsichtig ab und trockne den Bodensatz. Betrachte ein wenig davon unter dem Mikroskop und vergleiche mit Abb. 24.1 – 4.

Da die Stärkekörnchen im Wasser nicht löslich sind, lassen sie sich vom Wasser leicht trennen. Die Stärke verhält sich also anders als der Kleber, der das aufgesogene Wasser festhält (Quellung). Wenn das Stärke-Wasser-Gemisch erhitzt wird, verändert sich die Stärke.

Versuch 70: Gib einen Spatel Weizenstärke aus dem Bodensatz in ein Reagenzglas und fülle mit 4 ml Wasser auf. Koche nun die Stärkeaufschwemmung.

....

....

....

Aus der wäßrigen Stärkeaufschwemmung wurde **Stärkekleister.** Das Wasser läßt sich nun nicht mehr ohne weiteres entfernen.

Die Eigenschaften der Stärke und des Klebers sind sehr bedeutungsvoll für das Bereiten des Teiges und für das Backen. Erst durch den Backvorgang wird der Teig haltbar, wohlschmeckend und verdaulich. Wollen wir einen Teig anrühren, so brauchen wir Mehl und Wasser. Der Kleber quillt schon beim Anrühren mit der

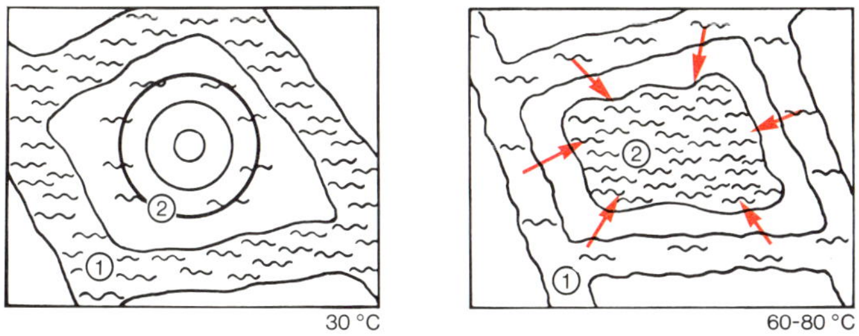

1. Bei der Teigbereitung: Kleber lagert viel Wasser ein, Stärke lagert wenig Wasser an.

2. Beim Backvorgang: Kleber stößt Wasser ab, Stärke nimmt viel Wasser auf.

Abb. 31.1: Verhalten von Kleber ① und Stärke ②

Flüssigkeit auf und gibt dem Teig den Zusammenhalt. In der Ofenhitze gerinnt der Kleber und gibt das aufgenommene Wasser an die Stärke ab. Die Stärke kann nun verkleistern. So wird sie gar und verdaulich. Außen bildet sich durch die Backofenhitze eine Kruste (Abb. 31.1).

10.3. Die Lockerung des Teiges

Wird Gebäck nur aus Mehl und Wasser bereitet, so ist es hart und unporös. Für die bessere Bekömmlichkeit muß der Teig gelockert werden. Wie aber erreichen wir die Lockerung? Zunächst einmal mit lockernden Teigzutaten wie Eiern und Fett. Sobald man das Eiweiß des Eies (Eigelb, Eiklar) kräftig rührt oder schlägt, wird Luft eingeschlagen, und es entstehen kleine Bläschen. Durch die Backofenhitze dehnen sie sich aus und lockern den Teig.

Das Fett wird flüssig, locker gerührt oder in festen Flocken in den Teig gebracht. Im Backofen schmilzt es und gibt seinen Wassergehalt ab, der als Dampf den Teig auflockert.

Wasser ist zu jeder Teigbereitung nötig Beim Backen bringt es die Stärke zum Quellen, verdampft und lockert dadurch den Teig.

Die Teigzutaten lockern aber nicht nur das Gebäck, sie verbessern auch den Geschmack und erhöhen nicht selten seinen Nährwert. Wenn die Zutaten und die Arbeitsweise bei der Teigbereitung zur Lockerung des Gebäcks nicht ausreichen, gibt man dem Teig bestimmte Lockerungsmittel hinzu. Dazu gehören insbesondere Hefe und Backpulver.

Was geschieht in einem Teig, dem wir **Hefe** zugegeben haben? Die löslichen Zuckerstoffe des Mehls dienen der gärenden Hefe als Nahrung. Außerdem werden geringe Mengen Stärke durch Enzyme in Zucker verwandelt, die der Hefe ebenfalls als Nahrung dienen. Wie bei der alkoholischen Gärung entstehen dabei Alkohol und Kohlendioxid. Die entstehenden Kohlendioxidbläschen blähen den Teig auf und können vorerst aus der zähen Teigmasse nicht entweichen. Der gut aufgelockerte Teig wird in der Backofenhitze gebacken, wobei sich die Bläschen noch weiter ausdehnen und das Backgut noch stärker auflockern. Durch die Hitze verdampft auch der Alkohol, der dadurch den Teig ebenfalls ein wenig lockert. Durch den Backprozeß wird die Hefe abgetötet, die Enzyme werden zerstört und auch Pilze und Sporen unschädlich gemacht.

Außer der Hefe benutzt man heute als Lockerungsmittel auch **Backpulver,** das aus Natron und festen Säuren oder sauren Salzen besteht. In trockenem Zustand zersetzen diese Stoffe das Natron kaum. Sobald aber Wasser hinzukommt, beginnt die Reaktion.

Versuch 71: Gib die Hälfte eines Päckchens Backpulver in einen Erlenmeyerkolben (100 ml). Gieße 50 ml Wasser hinzu und leite das entstehende Gas in ein Reagenzglas mit Kalkwasser (Abb. 31.2). Zeigt sich nur eine schwache Reaktion, kannst du den Kolben etwas erwärmen.

....

....

....

Damit die festen Säuren und die sauren Salze nicht schon während der Lagerung durch die Feuchtigkeit der Luft mit dem Natron reagieren, setzt man der Backpulvermischung noch ein Trennmittel zu, das meist aus Reis-, Mais- oder Kartoffelstärke besteht. Du kannst die Stärke im Backpulver nachweisen. Überlege dir einen entsprechenden Versuch.

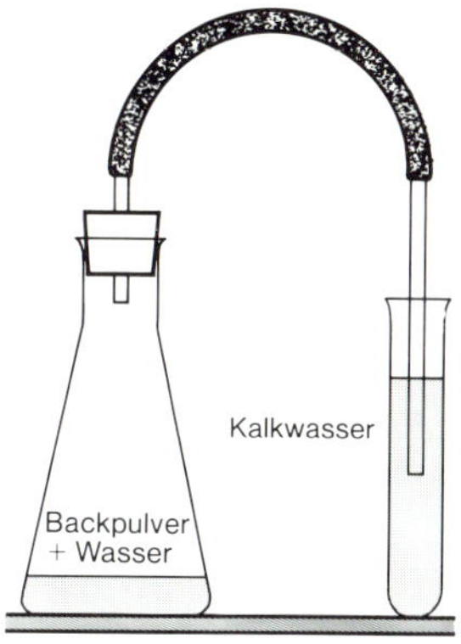

Abb. 31.2

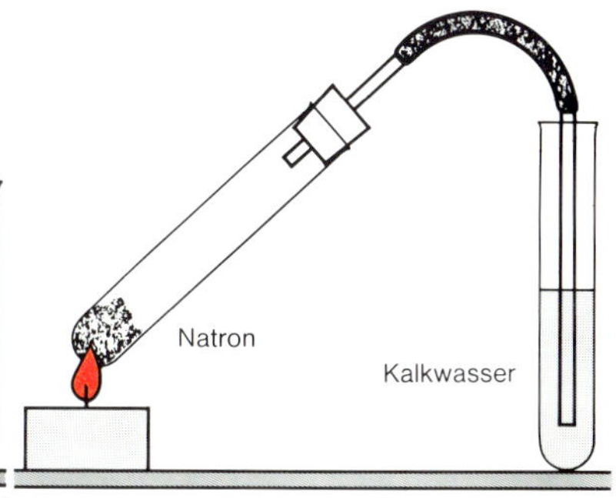

Abb. 31.3

Versuch 72: ....

....

....

....

Früher wurde in der Pfefferkuchenbäckerei als Lockerungsmittel reines **Natron** verwendet. Im nächsten Versuch wollen wir prüfen, ob sich aus Natron beim Erhitzen ebenfalls Kohlendioxid entwickelt.

Versuch 73: Gib in ein Reagenzglas 2 Spatel Natron und erhitze. Leite das entstehende Gas durch Kalkwasser (Abb. 31.3). Damit das Reagenzglas nicht zerspringt, muß am Schluß des Versuches zuerst das Kalkwasser entfernt und dann die Flamme gelöscht werden.

....

....

Koste einmal, was im Reagenzglas zurückbleibt. Es ist Soda, die dem Gebäck einen seifigen Geschmack verleiht. Natron ist deshalb als Lockerungsmittel für Kuchenteig nicht geeignet.

Ein weiteres Lockerungsmittel ist **Hirschhornsalz.** Es findet besonders bei der Weihnachtsbäckerei Verwendung. Hirschhornsalz geht beim Erhitzen vollständig in gasförmige Verbindungen über.

Versuch 74: In eine Porzellanschale gibst du einen Spatel Hirschhornsalz und erhitzt über dem Brenner. Welchen Geruch nimmst du dabei wahr? Prüfe die aufsteigenden Dämpfe mit rotem Lackmuspapier.

....

....

Nun wollen wir prüfen, ob außer diesem Gas auch Kohlendioxid entsteht.

Versuch 75: Erhitze etwas Hirschhornsalz im Reagenzglas und leite das aufsteigende Gas durch Kalkwasser.

....

....

Die beiden Gase lockern den Teig. Kohlendioxid ist geruchlos, während Ammoniakgas einen scharfen, stechenden Geruch hat. Bei trocken ausgebackenen Gebäcken verlieren sich Ammoniakgeruch und -geschmack schon während des Backens. Gebäcke, die noch etwas Wasser enthalten, brauchen eine längere Lagerzeit (z. B. bei Leb- und Honigkuchen).

Denke nach!

1. Was bedeutet „Weizenmehl Type 812"?
2. Welches Mehl ist gesünder, Roggenmehl Type 1800 oder Weizenmehl Type 405?
3. Welche Mehlsorten eignen sich zum Backen?
4. Aus den Lebensbedingungen der Hefe ergeben sich gewisse Grundregeln für die Zubereitung des Teiges. Stelle sie zusammen und vergleiche sie mit einem Hefekuchenrezept.

10.4. Was wir uns merken wollen

1. Das Mehl gehört zu den Hauptnahrungsmitteln. Welche Hauptnährstoffe enthält es?

. . . .

2. Wie lassen sich die Mineralsalze aus dem Mehl gewinnen (Abb. 32.1)?

. . . .

. . . .

3. Was geschieht beim Backvorgang mit Kleber und Stärke?

. . . .

. . . .

. . . .

. . . .

. . . .

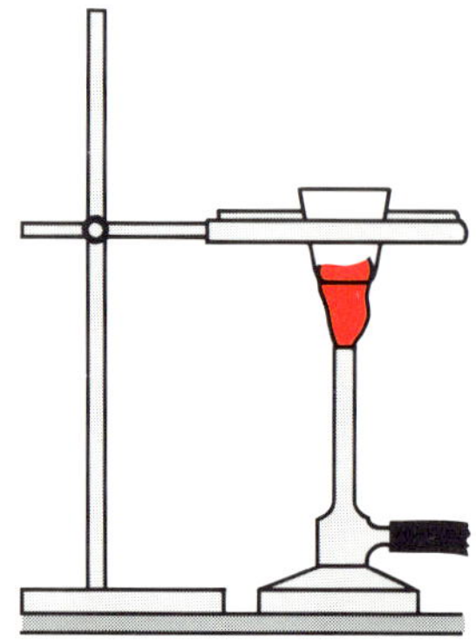

Abb. 32.1

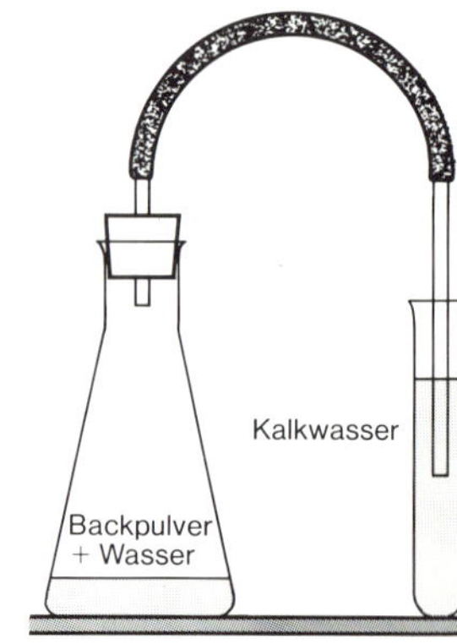

Abb. 32.2

4. Nenne verschiedene Teiglockerungsmittel.

. . . .

5. Welches Gas bewirkt hauptsächlich die Lockerung des Teiges (Abb. 32.2)?

. . . .

Anhang

Die Abbildungen 32.3–6 zeigen mikroskopische Bilder. Was stellen sie dar?

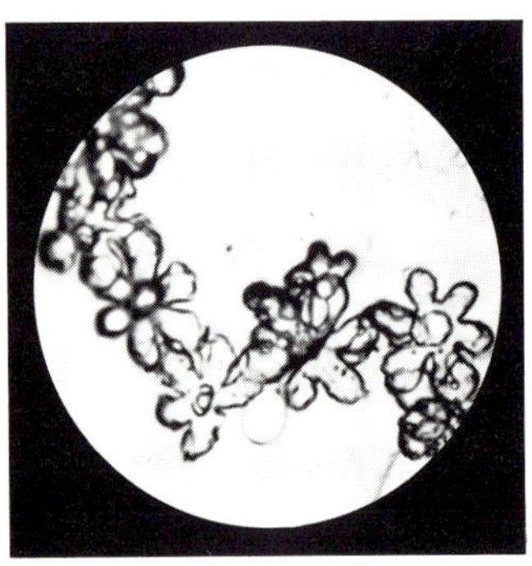

Abb. 32.3: 90fach vergrößert

Abb. 32.4: 40fach vergrößert

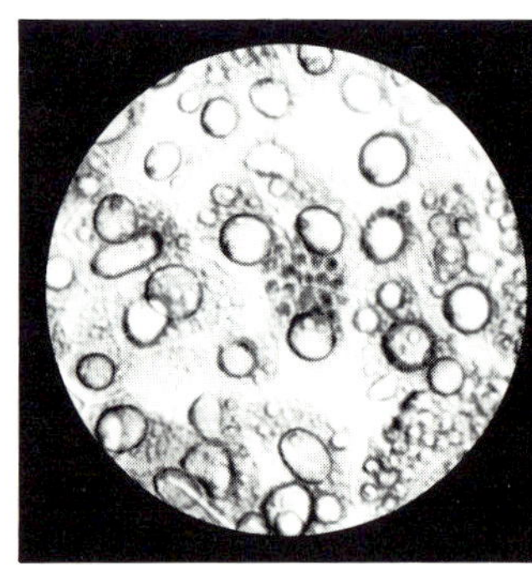

Abb. 32.5: 250fach vergrößert

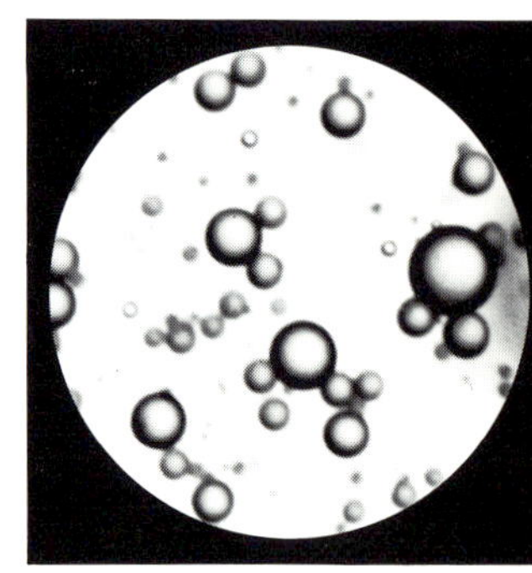

Abb. 32.6: 80fach vergrößert

Nährstoffgehalt von Nahrungsmitteln

100 g der Nahrungsmittel enthalten:	Eiweiß g	Fett g	Kohlenhydrate g	Natrium mg	Calcium mg	Vitamin A µg	Vitamin B_1 mg	Vitamin C mg	Heizwert in kcal	Heizwert in kJ
Rindfleisch, mittelfett	15	18	○	75	8	10	0,05	○	238	996,5
Heringsfilet	17	19	+	118	57	40	0,05	0,5	255	1067,6
Hühnerei, 1 Stück	7	6	+	72	28	225	0,06	+	84	351,7
Vollmilch	3	3	5	47	128	35	0,04	1,5	61	255,4
Magermilch	4	+	5	53	123	○	0,04	○	35	146,5
Butter	1	81	1	6	16	450 (940)*	+	○	755	3161,0
Hartkäse, 20% Fett i. T.	36	10	3	○	1200	55	+	1,0	253	1059,3
Roggenvollkornbrot	7	1	48	○	35	○	0,15	○	237	992,3
Graubrot (Mischbrot)	7	1	52	○	20	○	0,15	○	252	1055,1
Brötchen	7	1	58	486	24	+	0,10	–	278	1163,9
Haferflocken	14	7	66	3	407	○	0,40	○	402	1683,1
Kartoffeln ohne Schalen	2	–	19	19	13	15	0,10	15,0	85	355,9
Reis, poliert	7	1	79	6	23	(+)	0,05	(+)	368	1540,7
Nudeln	13	3	72	○	20	60	0,20	○	390	1632,9
Linsen, getrocknet	24	1	56	4	74	50	0,45	○	354	1482,1
Grünkohl	2	1	3	21	108	1050	0,05	54	23	96,3
Tomaten	1	–	3	6	13	390	0,05	23	18	75,4
Spinat	2	–	2	48	83	1900	0,05	37	18	75,4
Möhren	1	–	6	37	29	3350	0,05	5	29	121,4
Äpfel	0,4	–	11	2	7	30	0,03	11	48	201,0
Apfelsinen	0,7	–	7	2	32	50	0,05	37	39	163,3
Johannisbeeren, rote	1,1	–	8	2	25	30	0,04	32	37	154,9
Bananen	0,8	–	14	1	7	90	0,03	8,0	69	288,9

\+ = Nährstoff ist nur in Spuren enthalten
○ = es liegen keine genauen Analysen vor
– = Nährstoff ist in dem Nahrungsmittel nicht enthalten
* = Sommer 940 µg, Winter 450 µg

(Aus der Kleinen Nährwerttabelle der Deutschen Gesellschaft für Ernährung, 10. verbesserte Auflage 1963, von Priv.-Doz. Dr. W. Wirths)